Reite Plants:
An Ethnobotanical Study in
Tok Pisin and English

Asia-Pacific Environment Monograph 4

Reite Plants:
An Ethnobotanical Study in
Tok Pisin and English

Porer Nombo and James Leach

ANU
THE AUSTRALIAN NATIONAL UNIVERSITY

E PRESS

ANU
E PRESS

Published by ANU E Press
The Australian National University
Canberra ACT 0200, Australia
Email: anuepress@anu.edu.au
This title is also available online at: http://epress.anu.edu.au/reite_plants_ citation.html

National Library of Australia
Cataloguing-in-Publication entry

Author: Nombo, Porer.

Title: Reite plants : an ethnobotanical study in Tok Pisin and English / Porer Nombo,
                James Leach.

ISBN: 9781921666001 (pbk.) 9781921666018 (pdf)

Series: Asia-Pacific environment monograph ; 4

Notes: Bibliography.

Subjects: Plants, Useful--Papua New Guinea--Madang Province.
                Traditional medicine--Papua New Guinea--Madang Province.
                Ethnobotany--Papua New Guinea--Madang Province.
                Nekgini (Papua New Guinean people)--Ethnobotany--Papua New Guinea--
                Madang Province.
                Reite (Papua New Guinea)--Social life and customs.
                 Madang Province (Papua New Guinea)--Social life and customs.

Other Authors/Contributors:
                Leach, James, 1969-

Dewey Number: 581.9573

Cover image: Bilas long paspas (*muuku*) bilong Kumbukau Urangari, Reite Yapong (1995).
Decorative and aromatic plants with love charms secured in Kumbukau Urangari's woven cane
armband, Reite Yapong (1995).

Cover design by ANU E Press

Ol samting i stap   Contents
long buk

Toksave bilong ol man raitim buk

Preface

Dispela buk em kamap long 1995, 1999 na 2004 long wanpela wok bung i stap namel long Porer Nombo na James Leach. Insait i gat ol save bilong Porer long sait bilong ol samting bilong bus, na ol we long yusim. Dispela save i kamap long ol lain man husat save long Tokples Nekgini, long Mot 1 Distrik, long Raikos, long Papua Niugini (PNG) (Figure 1). Ol tumbuna bilong dispela lain kisim ol dispela save na ol i bin yusim ol plants[1] olsem mipela stori long dispela buk. Porer tok olsem: "Dispela save i bin kam long mipela na mipela holim na yusim i stap".

This book is the product of an extended collaboration between Porer Nombo and James Leach which took place during 1995, 1999 and 2004. It contains information provided by Porer on the uses of certain plants from the hinterland of the Rai Coast in Papua New Guinea (PNG), particularly the area between the Seng and Yakai rivers in the Mot 1 District where speakers of the Nekgini language reside (Figure 1). Nekgini people and their ancestors gathered this knowledge and have used plants in the way we describe here. Porer explained that this knowledge has been handed down through the generations and is still used today.

---

1. Mipela yusim 'plant' long Tok Pisin long dispela buk tasol trutru nogat dispela wot long Tok Pisin. Planti save pinis long mining bilong en, olsem em save karapim olgeta samting em save kamap long graun, wara na diwai nabaut.

Porer yet em makim ol plants i stap insait long dispela buk. Dispela ol plants i gat bikpela wok long kastom bilong ol Nekgini. 'Kastom' em karamapim we bilong mekim ol man na meri kamap gut na stap wantaim long gutpela sindaun. Planti ol we bilong yusim plants long sait bilong pawa na masalai samting, i bin kam long ol tumbuna. Planti ol narapela plants mipela Nekgini save yusim, olsem long wokim haus o basket, tasol mipela no putim insait long dispela buk. Mipela lusim dispela bikos planti man save wokim kain samting olsem long PNG na stori bilong dispela stap pinis long ol narapela buk nabaut.

We bilong ol Nekgini kisim save na wokim samting em i narapela stret long we bilong ol waitman olsem yusim saiens na ol marasin bilong ol. Mipela bai stori moa long arakain pasin bilong mitupela lain na skelim 'intellectual property law', long baksait bilong buk, long 'Laspela hap long buk 1 na 2'.

Porer chose the plants to be included in the book based on his thoughts about which plants are most significant for Nekgini 'customary' uses. 'Customary' in this context (as translated from the Tok Pisin 'kastom') indicates processes and procedures which are deemed to be both specifically local in origin and application, and which harness powers and forces to the end of achieving viable and valuable forms of social life and person, as understood by Nekgini speakers. Many of these uses may seem esoteric or magical to English readers. It will be as well for readers to keep in mind that Nekgini distinctions between humans and environment, and between the practical and the decorative, for example, are different to those which underpin western scientific investigation and the technologies which emerge from it. This issue is discussed at some length, albeit in relation to the narrower issue of intellectual property, in Appendices 1 and 2.

Many plants which Nekgini speakers use for quotidian purposes such as house construction and basketry have been omitted. We decided that as the use of such plants and materials is widely known and practiced in contemporary PNG, they could be left out of this record.

As tingting long wokim dispela buk em i tupela. Namba wan as tingting em i olsem. Longtaim nau Porer em bin luksave pinis long we bilong moni na we bilong bisnis i kam, na em i gat wari olsem planti ol gutpela save bilong tumbuna bai lus. Em bin askim long wokim buk long holim strong ol save bilong tumbuna bilong ol man bai kam bihain. Namba tu as tingting em i olsem. Dispela wok em bilong soim ol manmeri long ol narapela kantri, olsem ol manmeri long PNG i gat bikpela save. Dispela save i stap insait long pasin kastom na pasin tumbuna. Em i samting bilong ol PNG, na ol mas apim gutnem bilong ol long kain gutpela samting. Mipela laikim olsem kastom na save bilong tumbuna bai stap longtaim. Ol manmeri long PNG mas sanap strong long stori bilong ol asples man. Long PNG, i gat planti kain kain kastom na save, na wan wan ples o wan wan tok ples bai gat ol narapela save na pasin. Mipela laik sapotim ol arakain kastom na kalsa, na helpim ol PNG kirapim tingting long ol save i stap long ol ples bilong ol yet. Bipo, i gat sampela wankain gutpela buk, olsem mipela tingim Saim Majnep na Ralph Bulmer (1977, 2007).

There are two reasons we decided to publish this book. Firstly, for many years, Porer and others in Reite have been concerned that new lifestyles based on business and the cash economy have resulted in a loss of interest in practices and knowledge from the past. Porer asked James to write a book which would preserve ancestral knowledge of plants for future generations. Secondly, the work demonstrates the deep and complex knowledge of just one language group in PNG in relation to plants. This knowledge is part of a wider whole known as 'kastom'. Papua New Guineans can and should be proud of their kastom. We hope to strengthen the use of such knowledge, and show that such understandings and practices should be treasured and utilised. There is a rich diversity of customs and knowledge in PNG, and we intend with this publication to generate interest in that diversity by documenting the practices of a particular place in some detail. A clear antecedent and inspiration are the two books published by Ian Saem Majnep and Ralph Bulmer: *Birds of my Kalam country/Mnmon Yad Kalam Yakt* (1977) and *Animals the Ancestors Hunted: An Account of the Wild Animals of the Kalam Area, Papua New Guinea* (2007).

James Leach kisim ol poto, tanim toktok bilong Porer, na mekim klia tok long ol kastom na pasin bilong ol man i save yusim Tokples Nekgini. James i bin stap wantaim ol man long Reite na Sarangama ples antap long tupela yia na em bin raitim sampela ol buk bilong mekim klia tok bilong kastom bilong ol dispela manmeri. Sampela narapela buk na pepa James bin raitim i stap long baksait bilong buk long 'Ol narapela buk na pepa bilong James Leach'.

Ol sapta bilong buk mipela bin stretim olsem: bungim wantaim ol plant mipela yusim olsem bilong painim pisin o kolim sik. James bin bungim ol samting bilong gaden na masalai long wanpela sapta, na em bin tok long putim ol plet, malo samting long wanpela hap tu. Mipela raitim buk long Tok Pisin na Tok Inglis wantaim olsem planti man insait long PNG, na ausait wantaim, bai inap long ridim. Mipela behainim we bilong raitim Tok Pisin i stap long wanpela buk ol i kolim *The Jacaranda Dictionary and Grammar of Melanesian Pidgin*, i kam long wanpela man, F. Mihailic long 1971. Mipela save olsem sampela Tok Pisin bilong en em i olpela liklik, tasol em i gutpela long behainim wanpela stail bilong mekim klia. Sampela Tok Pisin bilong ol Raikos i stap insait wantaim. Long wan wan hap long buk, mipela i no tanim tok stret long wanpela tok ples i go long narapela tok ples. Em bilong mekim em mas gutpela long ridim.

The photos were taken and the text co-authored by James Leach. James has lived for more than two years in Reite village and has written anthropological texts about Nekgini speakers' kinship, social organisation, ownership practices, arts and ritual. A full list of his writing on Reite to date is presented in the 'Select bibliography of writings on Reite by James Leach', at the end of the book.

The chapter divisions emerged from Porer's discovery of plants as we walked in the forest together, and his way of introducing the use of the particular plant by saying things such as: "this is for hunting birds" or "this is to make sickness cold". James suggested the collation of information on material culture, gardening, and spirits and love magic, into single chapters. Although the text is presented in both Tok Pisin and English, there are places where direct, word for word, translation has been eschewed in favour of a more readable text in one or the other language.[2] The Tok Pisin spelling and orthography is based on F. Mihailic's 1971, Dictionary and Grammar of Melanesian Pidgin, to give a standardised form for the written language. The authors are aware that at times this preference makes for a slightly outdated rendition of the language. There are also places where current Rai Coast convention has deliberately been used in the text.

---

2. As a consequence, the word 'plant' has been used in the Tok Pisin translated from English. Despite 'plant' not being a Tok Pisin word, familiarity with the term by Tok Pisin speakers is widespread and understood to be a general term for all things that grow on the earth, in water and on other plants.

Long painim nem long saiens bilong ol plant, James bin kisim planti gutpela helpim long ol man i gat save long dispela wok. Nem bilong ol i stap bihain. Tasol, James em i no save long dispela wok long painim ol nem long saiens. Em i wanpela storimasta (nau ol save tok anthropologist) na ol narapela man bin lukim poto tasol bilong painim nem bilong ol plant long saiens. Mipela no bin kisim ol koleksen bilong plant bilong painim nem; ol man wok long poto tasol. Em inap olsem long kain buk na stadi mipela laik wokim.

Mipela tok tenkyu long ol lain husat bin givim sampela helpim long sapotim stadi bilong James. Dispela ol lain i stap olsem: Economic and Social Research Council United Kingdom (UK) (1995 na 1999); King's College Cambridge (2004); Leverhulme Trust (1999 na 2004); Marilyn Strathern na Alan MacFarlane wantaim Department of Social Anthropology, University of Cambridge, UK.

As for the scientific identification of the plants, we have received excellent assistance from a number of experts who are gratefully acknowledged. It is important to make clear here that James is not trained in botany. As an anthropologist, ethnobotany has never been his primary interest, and botanical experts have had to work mainly from photographs when suggesting identifications. A full collection of botanical specimens has not been made as part of this study. Even what we have achieved in the way of identification has been very time-consuming and has had to suffice for the present purpose.

James was funded by the Economic and Social Research Council, United Kingdom (UK) during 1995 and 1999 and by King's College Cambridge in 2004. He also gratefully acknowledges the support of the Leverhulme Trust through both a Special Research Fellowship in 1999, and The Philip Leverhulme Prize in 2004. Support also came from the Department of Social Anthropology at the University of Cambridge during 1999 and 2000 when parts of the book were prepared. Thanks are also due to Alan MacFarlane for financial support, and to Marilyn Strathern.

I gat planti man bin helpim mipela long stretim wok bilong dispela buk na mipela laik tok tenkyu long ol long hia. Long Reite na Sarangama, Yamui na Sangumae Nombo, Katak Pulumamie, Pupiyana De'anae, Palota Konga, Takarok Yamui na Pinbin Sisau. Long Mosbi, Justin Tkachenko, na long Lae, Wayne Takeuchi, bilong Forest Research Institute, bin helpim James wantaim nem ol man bilong saiens save givim ol plants.

Long Inglan, Paul Sillitoe na Christin Kocher Schmid bin luksave long sampela plant long poto; Stephen Hugh-Jones, Francoise Barbira-Freedman na Tim Bayliss-Smith bin toktok wantaim James long we bilong wokim kain buk olsem, na Tim Whitmore bin helpim wantaim ol nem ol man bilong saiens givim ol samting long bus. Robin Hide givim planti gutpela skul long mipela, na strongim mipela long telimautim. Bruce Godfrey long University Printing Service long Cambridge bin wokim hat wok long stretim ol kala poto. Katharina Schneider na Katie Segal bin wokim bikpela wok long stretim buk. Long Resource Management in Asia-Pacific Program long Australian National University, John Burton bin helpim mipela stretim Tok Pisin na Mary Walta bin editim ol wok bilong mipela long pablisim buk. Fleur Rodgers na Rikrikiang save sapotim ol wok bilong mitupela na givim mipela gutpela tingting.

Mipela tok bikpela tenkyu long yupela olgeta.

In addition, we received invaluable assistance from the following people. On the Rai Coast, Yamui and Sangumae Nombo, Katak Pulumamie, Pupiyana De'anae, Palota Konga, Takarok Yamui and Pinbin Sisau. In Port Moresby, Justin Tkachenko assisted with the initial identification of some plants. Wayne Takeuchi from the Forest Research Institute in Lae was generous with his time providing scientific identification for many of the plants.

In the UK, Paul Sillitoe and Christin Kocher Schmid looked at some of the photographs; Stephen Hugh-Jones, Francoise Barbira-Freedman and Tim Bayliss-Smith advised James on what an economic botany of this kind might look like, and Tim Whitmore provided many scientific identifications. Robin Hide made many useful suggestions and encouraged the publication when it was likely to fall by the wayside. Bruce Godfrey in the University Printing Service at Cambridge has been very helpful, both with advice and time. Katharina Schneider and Katie Segal organised, designed, and edited the text at various stages. From the Resource Management in Asia-Pacific Program at The Australian National University, John Burton has assisted with Tok Pisin spelling and usage, and Mary Walta has edited the manuscript and organised its final production. Fleur Rodgers and Rikrikiang supported and encouraged us throughout the work.

We would like to thank all these people very much.

Hap bilong Tokples Nekgini

Ol liklik ples bilong ol lain Reite na Sarangama i stap namel long 146°12′ na 146°17′ is longitude na long 5°38′ na 5°42′ saut latitude (Figure 1). Ol i stap namel long 300–700 m antap long solwara. Long dispela hap long not sait long bikpela Maunten Finisterre (Plate 1) i gat tupela taim long yia. Taim bilong ren (taleo), em long Novemba inap i kam long April, na taim bilong san (rai) em long Mai inap i go long Oktoba.

Location of Nekgini lands

The hamlets that make up Reite lie between 146°12′ and 146°17′ east longitude and 5°38′ and 5°42′ south latitude (Figure 1). They range from 300–700 m above sea level. Here on the northern foothills of the Finisterre Mountains (Plate 1) there are two pronounced seasons. The wet season lasts from November until April and the dry season is between May and October.

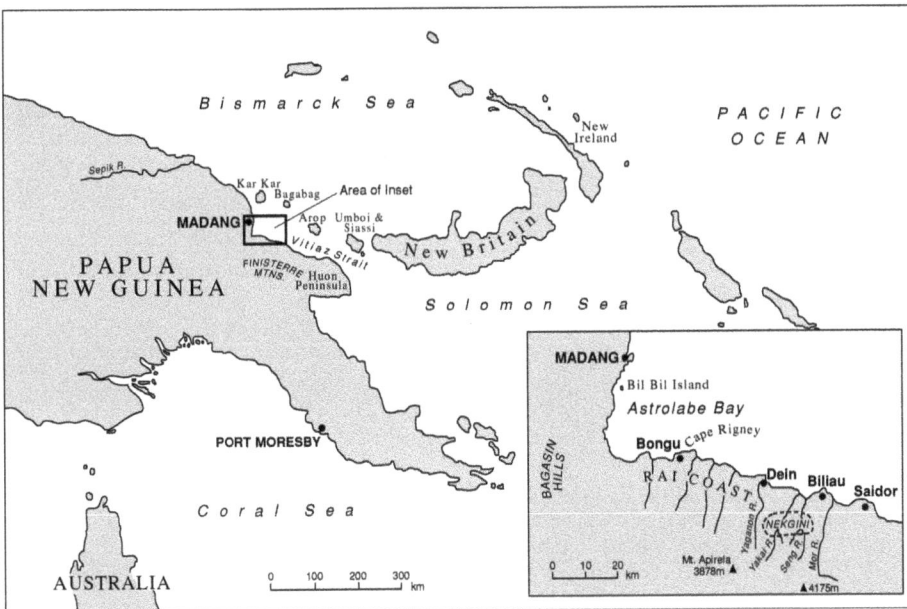

Figure 1: Mep i soim Papua Niugini na Raikos.
Map of Papua New Guinea showing the Rai Coast area of collection.

Plate 1: Graun bilong ol Reite na ol Finisterre Maunten long baksait, 2009.
Reite lands with the Finisterre Mountain Range in the background, 2009.

Ol man raitim buk

Authors

Porer Nombo i stap Komiti bilong Reite, Marpungae na Sarangama long Wot 16, Mot 1 Distrik, Raikos. Em bin Komiti bilong ol i kam long 1981 na i go long nau. Em i no skul. Em bin i stap long ples, na sindaun klostu long ol bik manmeri na harim stori bilong ol bilong kisim save. Long 2000, em wokim sampela toktok long wanpela bung long Mosbi long sait bilong 'intellectual property', na long 2009, em i go long UK long singaut bilong British Museum bilong wokim sampela wok wantaim ol.

James Leach i stap Senior Lecturer na em save lukautim Department of Anthropology long University of Aberdeen, UK. Em bin i stap longpela taim long Raikos taim em i sumatin bilong wokim wanpela stadi long kastom bilong ol, na em save wokim stadi bilong en long UK wantaim. Sampela buk em bin raitim em olsem: *Creative Land: Place and Procreation on the Rai Coast of Papua New Guinea* (2003) na *Rationales of Ownership: Transactions and Claims to Ownership in Contemporary Papua New Guinea* (2004).

Porer Nombo is Local Government representative (Komiti) for the villages of Reite, Sarangama and Marpungae in Ward 16 of Mot 1 District on the Rai Coast of Papua New Guinea, a position he has been asked to occupy since the early 1980s. Growing up in the village in the 1950s and 60s, he never learned to read or write but was educated about plants and healing, among other things, by his elders, and is recognised as the leading local authority on kastom. In 2000, he gave a presentation to the Motupore Island Seminar on Intellectual and Cultural Property in Port Moresby organised by the University of Papua New Guinea, and in 2009 he visited the UK at the request of the British Museum to assist them in their work.

James Leach is Senior Lecturer and Head of the Department of Anthropology at the University of Aberdeen. He has undertaken long-term field research in Madang Province, Papua New Guinea, and in the UK with people utilising new technologies for collaborative knowledge production. His publications include: *Creative Land: Place and Procreation on the Rai Coast of Papua New Guinea* (2003) and *Rationales of Ownership: Transactions and Claims to Ownership in Contemporary Papua New Guinea* (2004).

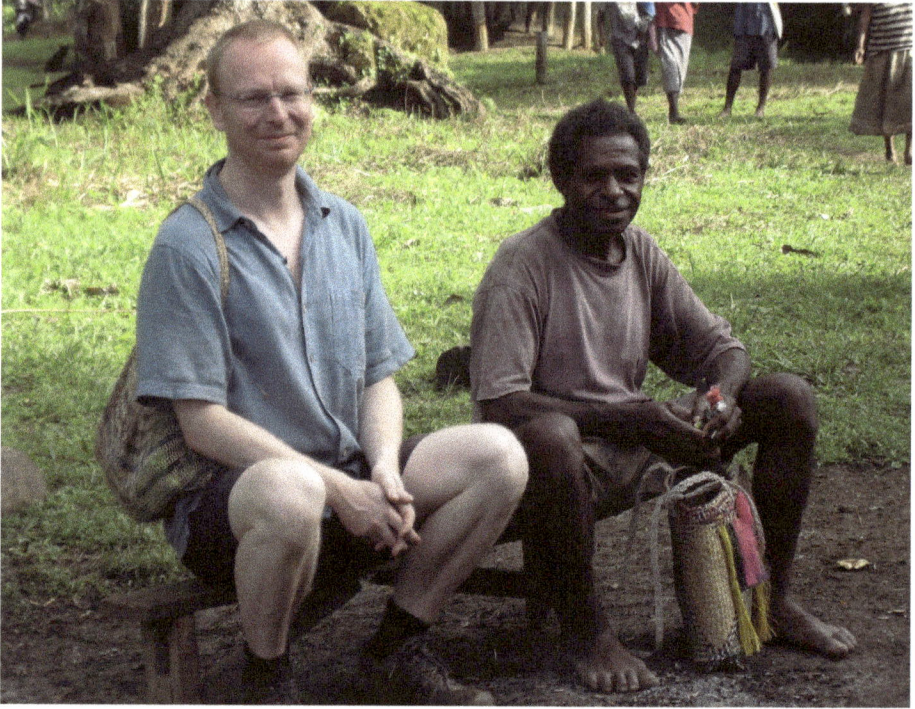

Plate 2: James Leach na Porer Nombo, Reite Yasing, Desemba 2008 (poto Rohan Jackson kisim).
James Leach and Porer Nombo, Reite Yasing, December 2008 (photo by Rohan Jackson).

Ol piksa long buk

List of figures and plates

Plate 1-8	Purpur let.	String belt.
Plate 1-9	Purpur bilong ol Reite.	A Reite style skirt.
Plate 1-10	*Kako'ping*	Ingredient for red dye
Plate 1-11	*Kako'ping*	Ingredient for red dye
Plate 1-12	*Ataki'taki*	Ingredient for red dye
Plate 1-13	*Ataki'taki*	Ingredient for red dye
Plate 1-14	*Ropie*	Ingredient for red dye
Plate 1-15	*Kananba*	*Pueraria pulcherrima*
Plate 1-16	*Ausakwing*	Big string bag.
Plate 1-17	*Aupatuking*	Small string bag.
Plate 1-18	*Autandang*	Small string bag for personal items.
Plate 1-19	*Aukekeri*	String bag (bilum) with pattern/design and typical small shell decoration. Above the finished bag is a half finished *aukekeri* to illustrate the process of looping using cut leaf batons as guides.
Plate 1-20	*Nek'au*	String bag used for carrying a baby.
Plate 1-21	Butoma i stap long maus bilong *Nek'au*.	Umbilical cord attached to the baby's string bag.
Plate 1-22	*Kaatiping*	Leaf for green dye
Plate 1-23	Rabim lip bilong *Kaatiping* long rop bilong givim kala long en.	The sap found in the leaves of this unidentified species is used to dye the string.
Plate 1-24	*Yaaki* wantaim kala bilong *Kaatiping*.	String coloured with *Kaatiping* dye.
Plate 1-25	*Giramung*	*Elmerrillia tsiampaca*
Plate 1-26	*Giramung*	*Elmerrillia tsiampaca*
Plate 1-27	*Giramung* diwai ol wokim pinis etpela garamut long en, Reite ples, 1995.	A whole *Elmerrrillia tsiampaca* tree, made into eight slit-gong drums, Reite 1995.

Sapta Wan
Wokim ol samting ol tumbuna bin mekim

Chapter One
Manufacture of traditional material culture

Ol fers waitman i bin kam long Raikos (Figure 1) long yia 1885 na wanpela Rhenish (Lutheran) misin bin kamap long 1923. Tasol long Reite stret, nogat wanpela misin o gavman i bin kam inap long 1936. Sampela ol ain tru bilong tamiok, ol bin karim i kam long Jemani, i stap yet long ples. Mipela save dispela het bilong tamiok i mas bin kam long ples olsem klostu long 1900. Long dispela taim, mipela no gat ol samting bilong waitman i kam long Reite.

Bipo, long taim bilong ol tumbuna, mipela bin save wokim olgeta samting long lukautim sindaun bilong mipela. Olgeta samting, olsem klos na ol samting mipela yusim long kaikai, na ol samting bilong wokim singsing, mipela yet i bin wokim o kisim long ol hap lain i stap klostu long mipela. Olsem long taim bipo long Reite, olgeta samting i bin kam long bus na graun bilong mipela.

The first white explorers arrived on the Rai Coast in 1885 and a Rhenish (Lutheran) mission station was established there in 1923. However no representatives of either mission or Government came to Reite village itself until 1936. Some of the steel axe heads brought by the Germans still exist in Reite and we know they arrived around the turn of the twentieth century. At this time in our history, the white man's technologies had not come to Reite.

In ancestral times, we had to make everything we needed. All things such as clothing, tools, implements for cultivating, cooking and serving food, ceremonial items, and musical instruments, we made ourselves or traded with our neighbours. Everything we used and made came from the bush or the ground.

Kumbarr

Bilong wokim malo na blanket

Rausim skin diwai bilong *Kumbarr* (Plate 1-1, 1-2), sapim ausait, na skin mit bai yu paitim. Em bai no inap bruk bruk na lus nabaut. Bihain paitim pinis, larim drai pastaim. Hapsait mas i stap wait, na long bros bilong en, bai putim retpela pen bilong graun. Ol i save wokim blanket (*bukuw*, Plate 1-3) long dispela diwai, o poroman bilong en, *Bukuw* diwai stret.

Bipo tru, long taim ol fers tumbuna kamap, ol bin yusim dispela malo[2] long trausis bilong ol (Plate 1-4). Tu, ol save yusim *bukuw* olsem betsit bilong ol. I kam inap nau, yusim olsem trausis em pinis, na yusim olsem blanket em pinis wantaim. Nau ol i save yusim long taim bilong singsing tasol.

I gat narapela wok bilong en i stap insait long kastom pasin bilong baim meri na baim pikinini. Dispela samting mas i stap wantaim ol sel na tit bilong dok na ol narapela strongpela pe bilong tumbuna. Nau yet mipela yusim ol malo insait long dispela wok. *Bukuw* em nogat nau. Mipela i no save yusim *bukuw* long karamap nau, olsem na mipela i no save givim moa long wok bilong baim meri na pikinini.

Ficus robusta[1]

Making bark loin-cloths and blankets

Remove bark strips from the *Ficus robusta* tree (Plate 1-1, 1-2), shave off the outer fibres, and pound the inner bark layer. The bark is strong enough to resist splitting or falling apart during this process. After pounding, leave the bark to dry. The inner fibre layer is left white and the outside is painted with red ochre. *Ficus robusta* bark is also used for making blankets (Plate 1-3), as is its brother species, the *Bukuw* tree.

Long ago, our ancestors used loin-cloths as trousers (Plate 1-4) and the *bukuw* as our blanket. These days, loin-cloths and blankets made from this bark are not used in daily life. Now we only use them for dancing and ceremonies.

Another use of the loin-cloth is in traditional exchange practices. Loin-cloths are given as one of the elements making up bride compensation and initiation payments. Other items in such exchange practices include dogs' teeth, shells, salt-wood, clay cooking pots, and carved wooden bowls. We still use loin-cloths for such practices. We do not use the *bukuw* as a blanket any more; therefore we do not use it in exchange today.

---

1. *Ficus robusta* Corner (Moraceae).

2. Mipela save kolim 'malo' long Tok Pisin [olsem mal], na long Tokples Nekgini, mipela kolim *maal*.

Plate 1-1: *Kumbarr* (*Ficus robusta*)

Plate 1-2: *Kumbarr* (*Ficus robusta*)

Plate 1-3: Sangumae Nombo paitim skin diwai bilong wokim blanket bilong tumbuna (*bukuw*).
Sangumae Nombo beating the pith of *Ficus robusta* bark to make a blanket.

Plate 1-4: Sangumae Nombo soim skin mit bilong *Kumbarr* (lepsait), ston bilong paitim (namel), na malo pinis wantaim pen (raitsait).
Sangumae Nombo shows the inner fibres of *Ficus robusta* bark (left), stone anvil for beating the bark (middle), and finished loin-cloth with paint (right).

Naie

Bilong wokim purpur

Bihain yu rausim skin diwai bilong *Naie* (Plate 1-5, 1-6), putim long wara olsem wanpela wik samting. Taim em i sting pinis, sikrapim na mekim drai long san. Em bai wait olgeta. Taim ol meri wokim rop pinis (Plate 1-7), ol i save putim pen long sampela kastom we bilong ol. I gat ol we bilong taitim rop bilong wokim purpur, na i gat wan wan malen bilong wan wan ples (Plate 1-8, 1-9).

Bipo ol save yusim long dres bilong meri. Tasol, bai no inap putim wantaim pe bilong baim meri na pikinini. Taim ol bringim meri i go long man, ol ken bringim wantaim dispela purpur na meri bai yusim long bilas na singsing. Dispela pasin i stap yet.

Abroma augusta[3]

Making bark-string skirts

After removing strips of *Abroma augusta* bark (Plate 1-5, 1-6), soak them in water for about a week. When the bark starts to decay and smell, strip away the outer bark and leave to dry in the sun. The sun will bleach the bark completely white. After splitting and rolling the fibres into string, the women dye the string using ritual methods (Plate 1-7). There are special ways used to make different style skirts and we have patterns peculiar to kin groups and places (Plate 1-8, 1-9).

In the past, string skirts were common dress for women, but we have never included them in the items given in exchange (unlike loin-cloths). When a woman was brought to her husband's hamlet in marriage, she would bring several skirts of this kind to wear and use during festivals and traditional ceremonies. These practices still exist.

---

3. *Abroma augusta* (L.) Willd. (Malvaceae s.l.). Alternative identification: *Melanolepis multiglandulosa* (Sterculiaceae).

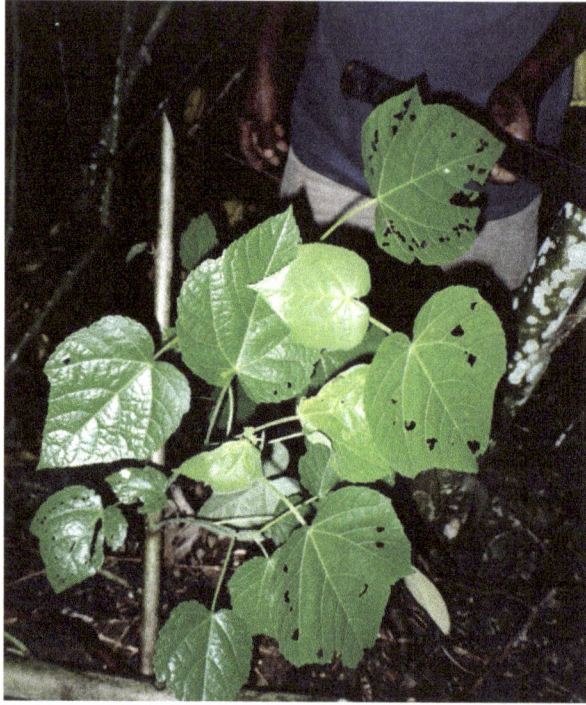

Plate 1-5: *Naie* (*Abroma augusta*)

Plate 1-6: *Naie* (*Abroma augusta*)

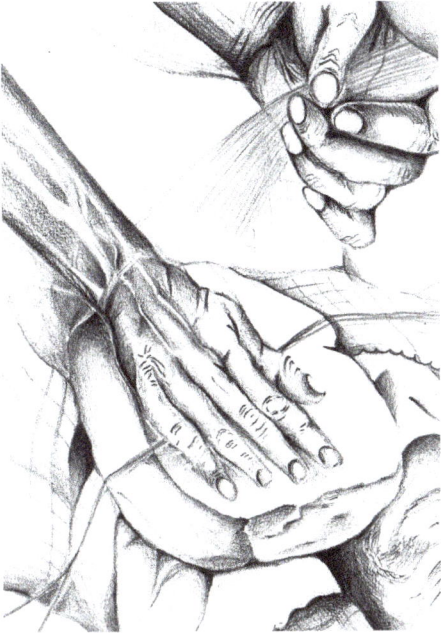

Plate 1-7: Wokim rop (piksa Fleur
Rodgers droim).
Rolling vine fibres to make string
(illustration by Fleur Rodgers).

Plate 1-8: Purpur let. String belt.

Plate 1-9: Purpur bilong ol Reite. A Reite style skirt.

Kako'ping

Bilong bilasim purpur *Naie*

Kako'ping em i wanpela diwai (Plate 1-10, 1-11). Skin bilong dispela diwai em bilong wokim retpela pen bilong bilasim purpur *Naie*. Ol meri save kukim skin diwai bilong *Kako'ping* wantaim plaua bilong *Ataki'taki* (Plate 1-12, 1-13), na skin diwai bilong *Ropie* (Plate 1-14) bilong wokim retpela rop bilong purpur.

Dispela wok i gat stori bilong en. Bilong mekim dispela wok, ol meri save kirap long bikmoning tru. I no tulait yet, ol mas kirap na kisim dispela ol skin diwai na plaua, na i go long bus. Ol bai no inap kaikai, o kaikai buai na simok samting. Na ol i no inap lukim ol man tu. Sapos man lukim ol, o kaikai nabaut, pen bai no inap holim gut rop, na pen bai no inap lait. Ol meri save boilim dispela ol skin diwai na plaua long wara wantaim rop ol wokim long *Naie* (Plate 1-5, 1-6). Ol bai statim long taim san kamap na em bai go inap long belo. Belo stret bai ol rausim long paia. Ol meri save tok olsem, 'san bai pulim kala bilong pen na mekim i go ret na i lait olegta'.

Ol meri bai taitim dispela retpela rop wantaim sampela waitpela rop bilong wokim kala na bilas bilong purpur.

Ingredient for red dye

Decorating *Abroma augusta* skirts

This unidentified tree is known as *Kako'ping* in Nekgini (Plate 1-10, 1-11). The bark is used to boil the red dye for decorating the string skirts made from the *Abroma augusta* vine. Women boil the bark with a red flower called *Ataki'taki* (Plate 1-12, 1-13) as well as the bark of the *Ropie* tree (Plate 1-14) to make the dye.

Women have a particular way of making the dye. They get up before dawn and collect the ingredients together and take them to a secluded space in the forest. They must not eat or drink, or chew betel nut or smoke. They must keep out of the sight of men on the way. If they eat first, or are seen by a man, the dye will not be bright and will not dye the string correctly. They boil this bark with the other bark and flowers and the string they have prepared from the *Abroma augusta* vine (Plate 1-5, 1-6). The dye must begin to boil as the sun rises and cook until noon. When the sun is directly overhead, the dye is removed from the fire. Women say that the bright red colour of the string is drawn into the fibres by the sun as it rises to the zenith.

Once dyed red, the string is tied along with un-dyed white string to generate different patterns.

Plate 1-10: *Kako'ping* (ingredient for red dye)

Plate 1-11: *Kako'ping* (ingredient for red dye)

Ataki'taki

Bilong bilasim purpur *Naie*

Ataki'taki em i wanpela plaua (Plate 1-12, 1-13). Em save kamap arere long wara. Taim ol meri save wokim pen bilong purpur *Naie* (Plate 1-5, 1-6), ol bai kisim retpela plaua bilong en, na bungim wantaim skin diwai bilong *Kako'ping* (Plate 1-10, 1-11) na *Ropie* (Plate 1-14) bilong kukim retpela pen.

Ropie

Bilong bilasim purpur *Naie*

Ropie em i wanpela diwai (Plate 1-14). Sapim skin bilong en, na bungim skin diwai wantaim *Kako'ping* (Plate 1-10, 1-11) na *Ataki'taki* (Plate 1-12, 1-13) bilong kukim retpela pen bilong purpur *Naie* (Plate 1-9).

Ingredient for red dye

Decorating *Abroma augusta* skirts

The unidentified species (Plate 1-12, 1-13), called *Ataki'taki* in Nekgini, is a flowering shrub that grows by streams and rivers. When women make dye for string skirts (*Abroma augusta* Plate 1-5, 1-6) they gather the red flowers of this shrub and boil them with the bark of *Kako'ping* (Plate 1-10, 1-11) and *Ropie* (Plate 1-14) to make the red dye.

Ingredient for red dye

Decorating *Abroma augusta* skirts

The unidentified species known as *Ropie* in Nekgini, is a tree (Plate 1-14). Shave the bark of this tree and mix the bark with *Kako'ping* (Plate 1-10, 1-11) and *Ataki'taki* (Plate 1-12, 1-13) and boil together to make the red dye for women's skirts (Plate 1-9).

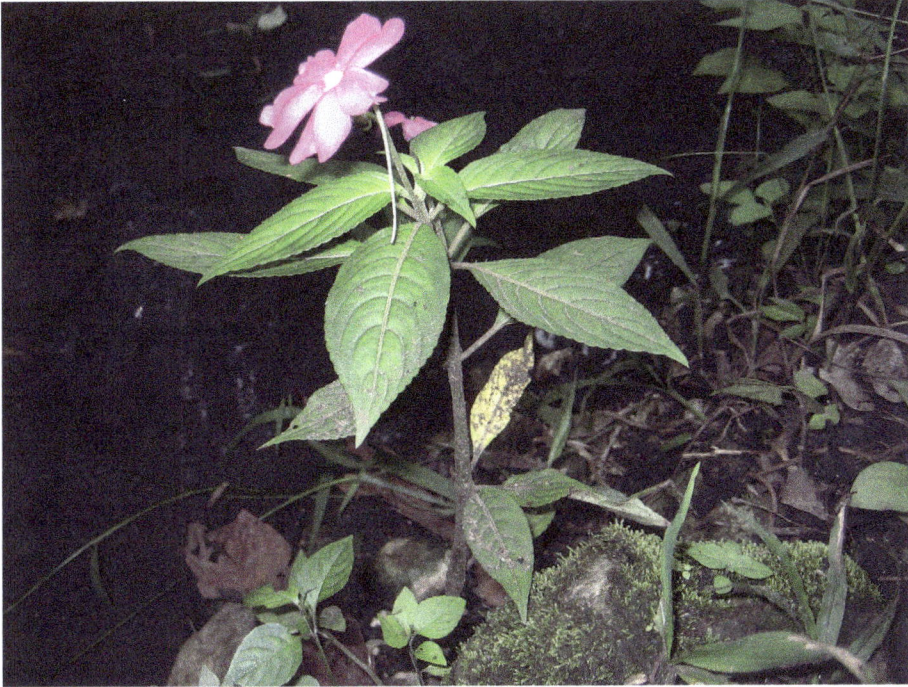

Plate 1-12: *Ataki'taki* (ingredient for red dye)

Plate 1-13: *Ataki'taki*
(ingredient for red dye)

Plate 1-14: *Ropie*
(ingredient for red dye)

Kananba

Rop bilong wokim bilum

Taim yu wokim rop bilong *Kananba* pinis, bai yu kolim *'yaaki'*. Na taim yu painim long bus (Plate 1-15), bai yu tok, 'mi painim *yaaki'*. Bipo yet ol i save yusim dispela, na i kam long nau yet, planti ol meri i save wokim.

I gat faivpela kain bilum (*au*) long dispela hap long Raikos.

1. *Ausakwing* em 'bikpela bilum' (Plate 1-16). Em bilong pulimapim kaikai, paiawut na ol kain samting, olsem kain kain wok bilong bikpela bilum. Em bilong karim long het.

2. *Aupatuking* em 'liklik bilum' (Plate 1-17). Em bilong yusim taim i go painim liklik kaikai, olsem kumu nabaut, na pulimapim. Man bai karim long sol na meri bai karim long het yet.

3. *Autandang* em 'liklik bilum bilong karim ol samting bilong wan wan' (Plate 1-18). Em bilong pulimapim ol buai, daka, kambang mambu, smok nabaut, na ol narapela liklik samting. Olgeta taim bai stap long sol bilong man na long meri bai stap long het. I go we, olgeta taim bai lukautim dispela ol samting bilong wan wan (*tandang*).

Pueraria pulcherrima[4]

Vine for making string bags

After rolling the *Pueraria pulcherrima* vine fibres into string, the string is called *'yaaki'*. And when looking for this vine in the bush (Plate 1-15), one says, 'I am looking for *yaaki'*. For a long time we have used this vine, and even now, many women make the string and weave the string bags.

There are five types of string bag in this part of the Rai Coast.

1. *Ausakwing* is a 'big string bag' (Plate 1-16). It is used for carrying garden produce, firewood and other sorts of things carried in a large string bag. It is carried with the strap across the forehead and the bag itself is slung over the back.

2. *Aupatuking* is a 'small string bag' (Plate 1-17). It is used when collecting small amounts of garden produce, such as leafy vegetables. Men carry them over the shoulder, hanging at the side, and women carry them across the head.

3. *Autandang* is a 'small string bag for personal items' (Plate 1-18). This small string bag is used to carry betel nut, betel pepper, lime container, tobacco and other small things. At all times men carry an *autandang* over the shoulder. Women also carry them. Where ever one goes, this bag keeps personal belongings close by.

---

4. *Pueraria pulcherrima* (Koord.) Koord.Schumacher (Fabaceae). Alternative identification: *Canavalia cathartica/papuana* (Fabaceae/Leguminosae).

4. *Aukekeri* em 'bilum i gat malen' (Plate 1-19). Em bilong bilasim ol manki taim ol i go long haus tambaran. Dispela bilum i gat kala na malen bilong en. Nem bilong malen em *artikukung* (skru bilong han). *Artikukung* em piksa bilong ol wailman bilong bus. Dispela ol wailman i gat krungut skru, na olsem kala em bihainim han bilong dispela wailman. Krungut skru em luk olsem *artikukung* bilong yumi ol man, olsem mipela save kolim malen long dispela nem. Taim ol manki bin go long bus o haus tambaran, ol i mas karim dispela mak bilong wailman, na kamap long ples. (Ol manki ol i go hait, olsem ol i makim ol wailman bilong bus, na ol i mas soim dispela mak taim ol i raun bihain long lukim tambaran.) Taim bilong singsing, ol meri inap long karim tu na singsing. Na ol meri ken wokim bilong ol na karim raun, em bai *tandang* bilong ol. Tasol bikpela samting em long ol manki i go long bus. Taim ol manki lukim tambaran, olgeta manki i mas karim wankain kala na karim dispela bilum na kam. Olgeta bai inapim dispela kain. I no inap wanpela bai nogat.

5. *Nek'au* em 'bilum bilong pikinini' (Plate 1-20). I no inap long pulimapim ol kaikai o paiawut o wanem; em bilong bebi stret. Nupela pikinini kamap, ol i bai kisim butoma bilong en na hangamapim long maus bilong bilum. Butoma long maus bilong bilum em makim olsem dispela bilum em bilong pikinini stret na noken pulimapim narapela samting (Plate 1-21).

4. *Aukekeri* is a 'string bag with a special design' (Plate 1-19). It is given to newly initiated men as part of their decoration on emergence from seclusion with the spirits. This string bag has a particular pattern called *artikukung* (elbow design). The design represents the wild spirit men of the higher forest who have bandy legs and bent knees, and that is why we call the design by this name. Initiated boys must carry the mark of these wild men when they emerge from their initiation to show they have been hidden away with wild spirits. During traditional ceremonies, women can carry these string bags when they sing and dance. And women can make them for themselves and may carry these string bags for personal items. But their main use is for decorating initiated boys. All boys who are initiated together must carry the same design.

5. *Nek'au* is a 'baby's string bag' (Plate 1-20). It is not to be used for carrying food or firewood, or anything else; it is dedicated and made for carrying a particular baby. When a baby is born, the umbilical cord of the newborn is tied to the mouth of the string bag. The presence of the umbilical cord shows its purpose and prevents any other use (Plate 1-21).

Plate 1-15: *Kananba* (*Pueraria pulcherrima*)

Plate 1-16: *Ausakwing.*
Big string bag.

Plate 1-17: *Aupatuking.*
Small string bag.

Plate 1-18: *Autandang.*
Small string bag for personal items.

Plate 1-19: *Aukekeri.* String bag
(bilum) with pattern/design and
typical small shell decoration.
Above the finished bag is a half
finished *aukekeri* to illustrate the
process of looping using cut leaf
batons as guides.

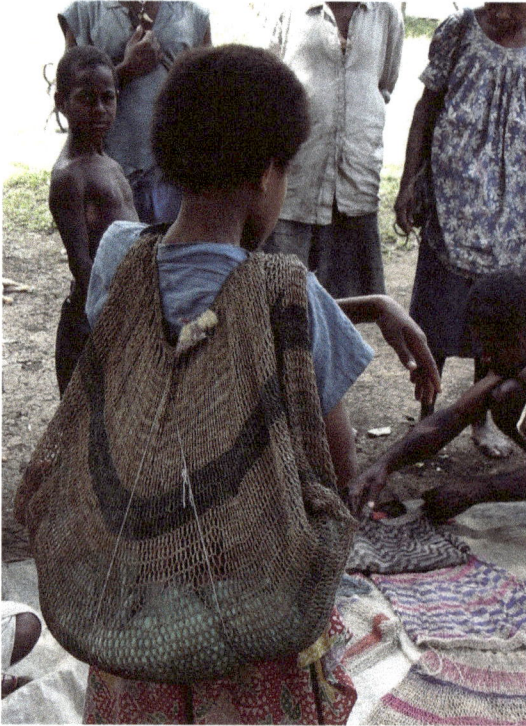

Plate 1-20: *Nek'au.* **String bag used for carrying a baby.**

Plate 1-21: Butoma i stap long maus bilong *Nek'au.*
Umbilical cord attached to the baby's string bag.

Kaatiping

Bilong wokim kala long bilum

Ol meri save yusim lip bilong *Kaatiping* (Plate 1-22) long putim kala long rop bilong bilum (Plate 1-23). Taim ol wokim *aukekeri* (Plate 1-19), ol bai rabim *Kaatiping* long sampela rop. Ol wokim pinis (*yaaki*) na em bai kamap na stap grin moa (Plate 1-24).

Leaf for green dye

Dye used in string bag designs

Women use leaves of this unidentified species, we call *Kaatiping* (Plate 1-22), to dye the string used for string bag making (Plate 1-23). When they make string bags with designs (Plate 1-19), they rub the finished string with this plant, which stains it with a long lasting green colour (Plate 1-24).

Plate 1-22: *Kaatiping* (leaf for green dye)

Plate 1-23: Rabim lip bilong *Kaatiping* long rop bilong givim kala long en.
The sap found in the leaves of this unidentified species is used to dye the string.

Plate 1-24: *Yaaki* wantaim kala bilong *Kaatiping*.
String coloured with *Kaatiping* dye.

Giramung

Bilong wokim garamut

Giramung (Plate 1-25 1-26) mipela yusim long wokim garamut. Wok bilong garamut, em bilong singautim ol man (Plate 1-27). Olgeta taim bai yu yusim olsem. Nambatu samting em olsem yu wokim pati kaikai bai yu paitim garamut insait long haus tambaran, na bai yu kolim olgeta kaikai samting yu putim long bet, bilong givim long ol man. Long dispela as mipela save wokim garamut.[6]

Tu, mipela save yusim dispela diwai *Giramung* long wokim plet diwai, na stori olsem wanem yu wokim, em wankain stori bilong wokim wantaim *Suarkung* (Sapta 1) tasol.

Plate 1-25: *Giramung (Elmerrillia tsiampaca)*

Elmerrillia tsiampaca[5]

For making slit-gong drums

Elmerrillia tsiampaca wood (Plate 1-25, 1-26) is used to make slit-gong drums. The slit-gong drum is a large idiophone used to communicate between hamlets using a series of coded beats (Plate 1-27). They are still used daily for this purpose. They are also used to accompany spirit voices when spirits are enclosed in the men's house, and to announce the kinds and amount of foods such as meat piled up for others to receive in exchange at the time of these ceremonies.[6]

This wood is also good for making wooden bowls and plates. The method for making these wooden dishes is as described for *Nauclea* sp. (Chapter 1).

---

5. *Elmerrillia tsiampaca* (L.) Dandy (Magnoliaceae).

6. Yu ken lukim wanpela pepa James bin raitim (Leach 2002), long kisim fulstori bilong garamut.
    See Leach (2002) for details of the construction and importance of the slit-gong drums to Nekgini speakers.

Plate 1-27: *Giramung* **diwai ol wokim pinis etpela garamut long en, Reite ples, 1995.**
A whole *Elmerrillia tsiampaca* **tree, made into eight slit-gong drums, Reite 1995.**

Plate 1-26: *Giramung (Elmerrillia tsiampaca)*

Suarkung

Bilong wokim plet diwai

Suarkung (Plate 1-28, 1-29). Plet diwai, i gat tripela kain. Mipela save yusim wanpela kain planti. Dispela em raunpela plet, na mipela save kolim *maibang utung* (Plate 1-30). Dispela kain plet i save kam long san i kamap, na mipela makim long nem bilong ples long hap, Maibang.

Nauclea sp.[7]

For making wooden plates and bowls

Nauclea sp. (Plate 1-28, 1-29). There are three kinds of wooden plate here. We use one particular kind everyday. This plate is round and shallow and we call this plate *maibang utung* (Plate 1-30). This style of plate comes from the east and in the past we traded to get these plates with people from Maibang.

---

7.   *Nauclea* sp. or *Neonauclea* sp. (Rubiaceae).

Narapela em *sisak utung*. Em olsem kanu. Ol lain long ailan na nambis save wokim dispela plet bipo. Nau sampela taim mipela ken wokim.

Narapela em *tundung kondong*[8]; em tokples bilong ol N'dau, long bus antap. *Tundung* em saplang, na *kondong* em plet. Dispela bai raunpela na dip moa na bai yu ken saplang ol kaikai. Ol tumbuna save baim ol dispela plet long ol long bus. Kanu ol i save kisim long ol nambis. *Maibang utung* ol i kisim long man i stap long san i kamap. Mipela stat long wokim ol plet diwai long taim bilong tumbuna bilong mi. Mipela save baim meri na pikinini wantaim ol plet na bungim wantaim ol narapela bilas bilong tumbuna.

Ol tumbuna save kaikai long dispela plet. Nau plet bilong ol waitman i kam, tasol mipela save yusim plet diwai yet. Ol man long ples yet, na longwe wantaim, ol laikim na ol save kam baim dispela ol plet long mipela.

A second kind is called *sisak utung*. It looks like a canoe. Coastal people and people from the Siassi Islands (Figure 1) used to make these. Now, sometimes we make them.

The other kind of bowl came to us from the south, from higher in the Finisterre Mountain Ranges (Figure 1) where people speak the N'dau language. The N'dau call them *tundung kondong* which means 'mortar bowl'. This bowl is used for pounding tubers and nuts into a paste. It is round and very deep.

In the past we traded to get wooden plates (*utung* in Nekgini) from people to the west and higher in the mountains. We started to carve them ourselves around the time of Porer's grandfather, around the turn of the twentieth century. We use them along with other ancestral wealth to make payments for wives and children.

Our ancestors ate from this plate. Even now the white man's plates are here, we still use our wooden plates. They are very popular and people travel long distances to trade with us for them, as well as buy them for money.

---

8. *Tundung kondong* em tok ples N'dau na em minim plet bilong smesim ol kaikai wantaim stik. *Tundung* minim stik bilong smesim kaikai na *kondong* em minim plet. Long tok ples Nekgini stret, plet em i *utung*.

Plate 1-28: *Suarkung* (*Nauclea* sp.)

Plate 1-29: *Suarkung* (*Nauclea* sp.)

Plate 1-30: Porer bilasim nupela
raunpela plet diwai (*maibang
utung*).
Porer decorating a new round plate.

Gnarr

Bilong wokim kundu

Blut bilong *Gnarr* (Plate 1-31, 1-32) mipela save kisim na taitim skin bilong palai (Plate 1-33). Em olsem glu. Kundu (Plate 1-34) em bikpela insait long singsing tambaran bilong mipela. Yu ken sindaun long haus na paitim long hamamasim yu yet, tasol taim bilong man i dai, em bai nogat tru. Nau planti man long PNG ol i save laikim kain kundu olsem, na ol i save baim long mipela.

Pterocarpus indicus[9]

For making hourglass drums

We use *Pterocarpus indicus* (Plate 1-31, 1-32) for the body of the drum and the sap is used as glue to fasten the drum skin around the closed end of the drum (Plate 1-33). The hourglass drum is used for dancing and singing with the spirits (Plate 1-34). People also enjoy drumming inside their houses, but is strictly forbidden when anyone in the area is in mourning. Nowadays, many people throughout PNG buy our drums.

Plate 1-31: Gnarr (Pterocarpus indicus)

---

9.   *Pterocarpus indicus* (Leguminosae), rosewood.

Plate 1-32: *Gnarr (Pterocarpus indicus)*

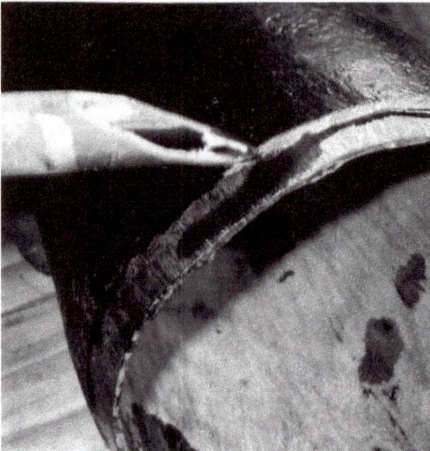

Plate 1-33: Mipela save yusim blut bilong *Gnarr* long pasim skin palai bilong kundu.
Pterocarpus indicus sap is used as glue to attach the lizard skin membrane to the hourglass drum.

Plate 1-34: Kundu wantaim skin palai.
Hourglass drum with lizard skin membrane.

Riking

Pen bilong plet na kundu

Dispela em i blakpela pen bilong tumbuna. Ol save kisim blut bilong dispela diwai na penim plet na kundu, na ol narapela samting yu laik bai gat blakpela kala long en. Kisim blut bilong dispela diwai *Riking* (Plate 1-35, 1-36) olsem: kisim skin bilong diwai, paitim, malumalu, putim liklik wara, tanim, na blut bilong en bai go daun (Plate 1-37). Kisim blakpela sit bilong paia long diwai *Morakung* (Plate 1-38), tanim wantaim, na penim, na pen bai no inap lus.

Narapela diwai olsem galip (*Kangarang'aring*) long bus, mipela save kukim gris o wel bilong en, na smok bilong en em blakpela. Boinim pen long dispela, na em bai strong. Hap long dispela *Riking* i stap, nau bai yu vanisim pen, na em bai strong olgeta. Bihain nau, yu ken bilasim.

Glochidion submolle[10]

Varnish for bowls and drums

This is black paint from the time of our ancestors. Sap from the *Glochidion submolle* tree (Plate 1-35, 1-36) is used for varnishing bowls and drums and other things that need a black colour. To obtain the sap from this tree: get the bark, pound it until softened, and add a little water and the sap will be released when you squeeze it (Plate 1-37). Get the ashes from burnt *Trichospermum tripixis* wood (Plate 1-38) and mix them with the sap, then paint the surface coat, and the paint will not rub off.

We burn the solidified sap from another tree, *Kangarang'aring,* like the chestnut tree (*Canarium polyphyllum*) found in the bush, to generate a black, resinous smoke to seal the painted surface. Paint the whole object again with *Glochidion submolle* sap, and the paint will last for many years. Designs are carved in the surface after the paint is dry.

---

10. *Glochidion submolle* (Laut. & Schum.) Airy Shaw (Euphorbiaceae).

Plate 1-35: *Riking* (*Glochidion submolle*)

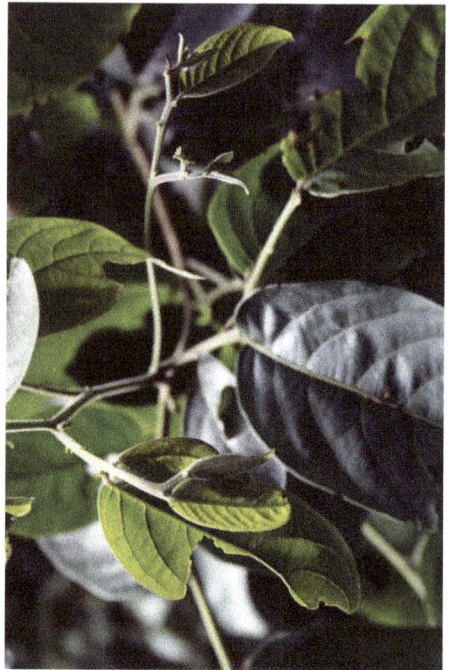

Plate 1-36: *Riking* (*Glochidion submolle*)

Plate 1-37: Rausim blut bilong *Riking*.
Squeezing varnish from *Glochidion submolle* bark.

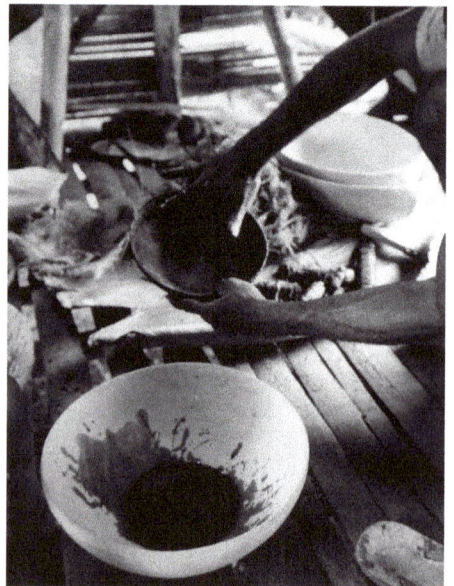

Plate 1-38: Penim plet diwai wantaim blut bilong *Riking*.
Painting a wooden plate with *Glochidion submolle* varnish.

Morakung

Bilong givim blakpela kala long pen

Blakpela sit bilong diwai *Morakung* paia em bilong putim kala long pen. Dispela *Morakung* (Plate 1-39, 1-40) mipela yusim long wokim blakpela pen wantaim blut bilong diwai *Riking* (Plate 1-37, 1-38) olsem long penim ol samting em mas gat blakpela kala long en (Plate 1-41).

Trichospermum tripixis[11]

For making varnish black

Charcoal of *Trichospermum tripixis* wood fire gives the paint a very black colour. The procedure using *Trichospermum tripixis* (Plate 1-39, 1-40) to make wood paint is described in more detail under *Glochidion submolle* (Plate 1-37, 1-38) and can be seen being applied to a wooden plate in Plate 1-41.

Plate 1-39: *Morakung* (*Trichospermum tripixis*)

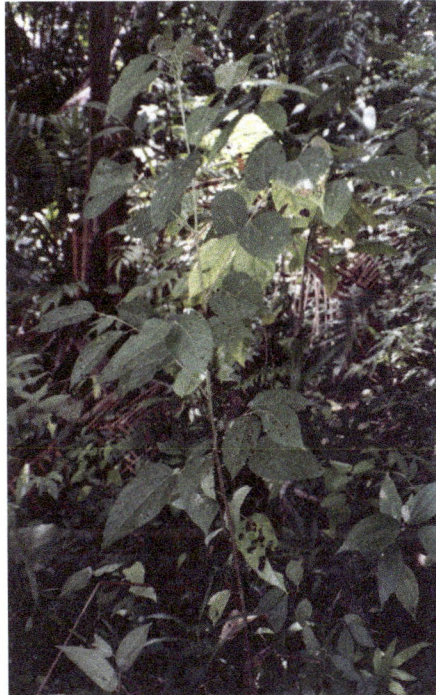

Plate 1-40: *Morakung* (*Trichospermum tripixis*)

---

11. *Trichospermum tripixis* (K. Schum.) Kosterm. (Malvaceae s.l.). Alternative identification: *Triumfeta* sp. (Tiliaceae).

Plate 1-41: Penim plet wantaim sit bilong *Morakung* diwai na blut bilong *Riking*.
***Trichospermum tripixis* charcoal rubbed into the surface of a wooden plate with *Glochidion submolle* varnish.**

Oiyowi

Bilong wokim 'wail stik' bilong paitim garamut

Oiyowi diwai (Plate 1-42, 1-43). Wail tambaran (*kaap sawing*) kaikai garamut pinis (Plate 1-27), bai yu kisim dispela *Oiyowi* diwai, na paitim ol garamut '*toking sawing*' wantaim dispela wailstik, o, ol i save kolim 'stik nogut'. Paitim i go long kru bilong garamut diwai, i slip olsem wanem, yu tromoi stik i go long bus olsem. Nau bai ol man singaut wantaim. Bai mekim pairap bilong garamut kamap gut. Yu no tromoi dispela stik, dispela pairap bai daunim pairap bilong garamut. Mipela save wokim olsem taim mipela save wokim garamut.

Ficus sp.[12]

For making temporary 'wild' slit-gong beaters

From the *Ficus* tree (Plate 1-42, 1-43). When the wild spirits have hollowed the *Elmerrillia tsiampaca* slit-gong logs (Plate 1-27), get a *Ficus* sp. stick and beat them with the rhythm called 'wild stick'. Beat them in order from the base of the slit-gong tree to its top. At the top of the tree, throw the stick into the forest. The assembled men all shout together. Throwing this stick away will make the sound of the slit-gongs clear. If the stick is not thrown away the bad beat will remain. We do this when we make slit-gong drums.

---

12. *Ficus* sp. (Moraceae).

Plate 1-42: *Oiyowi* (*Ficus* sp.)

Plate 1-43: *Oiyowi* (*Ficus* sp.)

Rongoman

Bilong wokim 'stik bilong ples'

Stik bilong ples (*tukung maning*). Gutpela stik bilong paitim garamut na nek bilong en bai kamap ples klia. Stik bilong *Rongoman*[14] diwai em strongpela diwai (Plate 1-44, 1-45), tasol i no strongpela tumas. Paitim garamut wantaim dispela stik (Plate 1-46), na i no inap brukim garamut. Taim tambaran wokim garamut i stap, ol bai paitim long dispela stik tasol, na taim garamut kamap long ai bilong manmeri, bai nogat mak bilong stik i stap long en.

Dracaena angustifolia[13]

For making permanent slit-gong beaters: 'village/tame' stick

'Tame stick'. Good stick for beating the slit-gong and sound of the beat is clear. Sticks of the *Dracaena angustifolia*[14] wood are strong (Plate 1-44, 1-45), but not too hard. It will not damage the slit-gong. When the spirits have done their work to make the drum, this is the only stick that can be used to beat it, and when the drum appears in the village, no marks will be found on the slit-gongs (Plate 1-46). It is used after 'wild stick' has been thrown away.

---

13. *Dracaena angustifolia* (Dracaenaceae).

14. Long narapela wok bilong *Rongoman*, lukim Sapta 6.
    For uses of *Dracaena* sp. see Chapter 6.

Plate 1-44: *Rongoman*
(*Dracaena angustifolia*)

Plate 1-45: *Rongoman*
(*Dracaena angustifolia*)

Plate 1-46: Garamut wantaim stik bilong ples long Reite Yasing, 1995.
Slit-gongs with beaters lined up in Reite Yasing village, 1995.

Sapta Tu
Wokim samting bilong tambaran, bilong rausim tewel, na bilong marila

Chapter Two
Working with spirits and love magic

Mipela long Reite save long planti ol samting bilong pasin kastom na wok wantaim ol masalai na tewel.

Reite em i gat wanpela tambaran bilong ol man. Em i haitpela samting. Mipela save kolim tambaran, *Kaapu*, long Tokples Nekgini. Ol pikinini na meri no inap save long tambaran na ol i no inap lukim ol samting bilong tambaran. Em i tambu tru. Olsem i no olgeta manmeri save long ol dispela we bilong yusim ol plant.

Ol sampela samting long dispela sapta i stap strongpela tru insait long laip bilong mipela. *Luhu* mipela save yusim long olgeta samting. Em save haitim man long pawa bilong ol tewel nabaut na em save mekim ol samting nogut ranawe long ol man. *Manieng* em i bikpela samting bilong mipela. Em i gat strongpela smel bilong en na mipela save kolim 'smel gorgor'. Dispela smel save singautim ol tewel long i kam klostu na mipela save yusim long planti wok.

Here in Reite, we hold strong to our customs and ways, and we know of many plants to assist in working with spirits and ancestors.

Reite has a male cult. The activities of the cult are secret and shared only by initiated men. Women and children are strictly prohibited from seeing the objects of the cult and the spirits. These restrictions mean knowledge of the uses of the following plants are not publicly known. The spirit cult in the Nekgini language is called *Kaapu*.

Some of the plants described in this chapter are central to our way of life. *Etlingera amomum* is very important to us and used for everything. It protects people and other plants from the power of spirits and makes malevolent power ineffective. The aromatic ginger, *Manieng*, is also very important. It is called 'aromatic ginger' because its pungent musty smell draws spirits close. We use it for many things where the aid of spirits is required.

Wanpela samting mipela save long wokim em i wanpela kain bilas bilong haus tambaran. Mipela save kolim dispela bilas *tse'tsopung*. I gat sampela we bilong mekim em kamap wantaim pawa. Dispela wok em save yusim ol plant. Taim *tse'tsopung* i stap long haus, ol man save onarim em olsem wanpela man. James em putim piksa bilong *tse'tsopung* long dispela hap we mipela stori long *Kisse'ea*, olsem na yu ken luk save.

Long ples, ol man save olsem meri bai no inap maritim man nating. Mipela save yusim ol marila o pawa bilong pulim meri (lukim Leach 2003: 70–71). Dispela pasin em i gat nogut bilong en. Olgeta man save yusim, tasol sapos em wanpela susa bilong yu, na ol man pulim en long marila, bai yu belhat nogut. Dispela em wanpela kastom tru bilong mipela, olsem James em bin raitim planti long ol Nekgini kastom (lukim 'Ol narapela buk na pepa bilong James Leach', stap baksait long buk). Olgeta liklik ples i gat we bilong ol yet long wokim marila. I no inap long wokim olsem mipela stori long hia, yu mas i gat hap tok bilong en, na em bai wok. Long dispela hap sapta, mipela putim wan wan bilong luk save tasol.

There is a kind of decoration we make for the male cult house at ceremonial times. It is called '*tse'tsopung*'. We have ways of decorating *tse'tsopung* so it contains spiritual power. That work depends on certain plants. When the post is installed in the cult house, people must treat it with respect as if it were a person. James has put a picture of *tse'tsopung* with the information about *Tapeinochilos piniformis* in this chapter, so people can see one of the things we make for ceremonies.

In the village, we know that a woman would never marry a man without love magic (see Leach 2003: 70–1). However, this practice does have some drawbacks as when one of our kinswomen falls in love, her brothers tend to react with anger at the imposition on her. James has written a lot about this custom and how it fits into kinship and our wider culture. Each area and even individuals have different ways of performing love magic and use many different plants. These plants will not work as love magic without the correct spells. A few examples of how plants are used in love magic are presented here.

Luhu

Gorgor: bilong stopim pait

Ol tumbuna save yusim dispela *Luhu* (gorgor) (Plate 2-1, 2-2) bilong kolim olgeta samting olsem pait, kros, posin, sanguma na marila. Yu ken stopim na kolim long dispela. Em i kol tru, yu ken kolim marila. Olgeta samting i mas i gat gorgor insait. Long gaden mipela planim bilong stopim ol binatang kam kaikai lip bilong taro o wanem samting.

Bipo ol tumbuna save stopim pait wantaim dispela samting. *Luhu ai* em man bilong stopim posin o pait. *Patuki* yet wokim olsem. Tewel bilong man kam givim yu sik, yu ken kisim na toktok long en wantaim gorgor, na tewel em bai lusim yu. Ol manki stap long bus, husat man i laik go lukim ol, ol ken krungutim lek bilong posin o wanem, na gorgor bai kolim, olsem yu mas kisim gorgor na go wantaim. Masalai ples givim yu sik, yu ken kisim gorgor na go toktok na ol bai lusim yu. Ai bilong wara kisim tewel bilong manki, kisim gorgor i go na putim long ai bilong wara. Singautim tewel bilong manki na kisim lip bilong gorgor gen, na karim wantaim wara i go na wasim manki na sik bilong en bai pinis.

Etlingera amomum[1]

For making peace

Our ancestors used *Etlingera amomum* (Plate 2-1, 2-2) to calm people and spirits, to stop fights and arguments, and counteract the power of sorcery. It is planted in gardens to discourage pests.

Our first ancestor, *Patuki* decreed that there would be a '*Luhu* man' in every place who stops sorcery and fighting. In situations where spirits or sicknesses cause a maleficent influence on a person, *Etlingera amomum* can be used to free them from that influence. It has the power to stop the causes of sickness and anger.

---

1. *Etlingera ?amomum* (Zingiberaceae), gorgor, ginger.

Em save mekim samting kol, na em save stopim samting; pinisim pawa bilong samting. Taim man i dai na yu kam ausait long haus, ol lain bilong en bai go namel long gorgor. Ol tewel bai no inap bihainim ol o givim sik long ol. Yu ken tokim man i gat kros long tingim gorgor, na em bai lusim kros bilong en. Olsem planim yam, taro, o wanem samting, olgeta i mas i gat gorgor tasol.

This ginger has the strength to counteract any adverse power. The family of a recently deceased person passes through a split *Etlingera amomum* stem when they come out of mourning. *Etlingera amomum* is essential in all ritual work, such as that in a garden to protect the practitioner and placate the spirits.

Plate 2-1: *Luhu* (*Etlingera amomum*)

Plate 2-2: *Luhu* (*Etlingera amomum*)

Manieng

Bilong pulim tewel bilong olgeta samting

Dispela *Manieng* (Plate 2-3, 2-4) mipela yusim long pulim tewel bilong ol yam na taro, bilong painim abus, tewel bilong man i dai, na tambaran. Bai yu kaikai na spetim dispela samting na ol tewel bai kam klostu. Ol save tok: *Manieng pecaret nekoneko kaaping apiwi* (smel bilong *Manieng* bai pulim ol tewel i kam).

Aromatic ginger[2]

To attract spirits of all kinds

This unidentified aromatic ginger (Plate 2-3, 2-4) attracts the spirits of yam and taro, the spirits that assist with hunting, ghosts, and spirits of growth and change; all respond to *Manieng*. When one chews a piece of this ginger and then spits it in a spray, the spirits will draw near. We have a saying that, 'the smell of *Manieng* attracts the spirits'.

Plate 2-3: *Manieng*
(aromatic ginger)

Plate 2-4: *Manieng*
(aromatic ginger)

---

2.   Unidentified species, smel kawawar, aromatic ginger.

Kuping

Skin diwai bilong rausim tewel

Skin bilong dispela *Kuping* (Plate 2-5, 2-6) em i hat moa. Man sik long yam o taro, wokim hap tok bilong yam, na spetim *Kuping*, na sik bai pinis. Sapos wanpela tewel wok long kam long haus bilong yu, pairap long nait nabaut o kain olsem, o sapos brata bilong yu i dai, o yu kaikai buai long han bilong ol husat i bagarapim em; em bai kam long haus na yu ken kisim *Kuping* na spetim wantaim nem bilong waildok, na tewel bai lusim yu. Em i hatpela samting, na smel bilong en em i kik moa. Ol tewel bai ranawe long en. Sapos pikinini bilong yu krai krai, yu ken kolim nem bilong wanem man i gat kros wantaim yu, na tewel bilong en bai lusim yu. O masalai bihainim yu, na mekim pikinini krai, yu ken kolim nem bilong waildok, na spetim.

Wara tasol bai nogat. Taim wara kisim tewel bilong yu, yu mas pulim wara wantaim gorgor, na bringim tewel i kam bek long wara (lukim *Luhu*, Sapta 2).

Cinnamomum sp.[3]

Bark for banishing spirits

The taste of this *Cinnamomum* sp. (Plate 2-5, 2-6) bark is very hot. When a person is sick due to yam or taro spirits, he calls the spirit's name and spits out the *Cinnamomum* sp. bark in a spray. The strong, hot smell will deter the spirit causing the sickness. This bark works in the same way for the spirits of recently deceased people who may be loitering and disturbing you. It is often used in conjunction with a spell in the name of a wild dog to chase spirits away. This also works if someone is cross with you, and your child is restive and unhappy because that person's spirit is close to them.

The only spirits that *Cinnamomum* sp. bark will not deter are the spirits of springs and streams. When water takes your spirit, it will require treatment with ginger to return your spirit (see *Etlingera amomum*, Chapter 2).

---

3. *Cinnamomum* sp. (Lauraceae).

Plate 2-5: *Kuping* (*Cinnamomum* sp.)

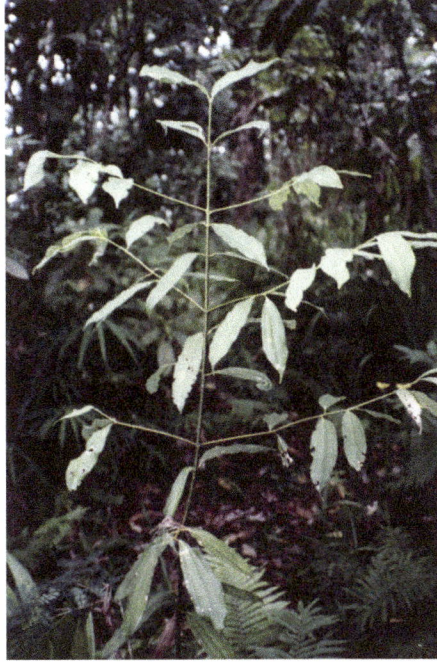

Plate 2-6: *Kuping* (*Cinnamomum* sp.)

Sisak warau

Bilong rausim ol tewel na doti

Wail marita save kamap long bus. *Warau* ol kolim bikpela lip na marita bilong dring em narapela. Bilong dring ol save kolim *misi*. *Sisak warau* (Plate 2-7, 2-8) em i samting bilong rausim ol tewel bilong man, o meri, taim yu slip pinis wantaim em. Yu mas brukim lip, na go namel, na kamap long hap sait. Long dispela rot, yu rausim ol doti o tewel nogut.

Pandanus sp.[4]

To remove spirits attached to the body

This wild *Pandanus* sp. (Plate 2-7, 2-8) grows in the bush. *Warau* refers to the large leaved variety. The edible form of wild pandanus is different and is called *misi* in Tokples Nekgini. *Pandanus* sp. works to free the body of spirits and pollution, especially those attached through sexual intercourse, sorcery or poisoning. To remove such spirits, one must break the leaf lengthways and step through it.

---

4. *Pandanus* sp. (Pandanaceae), wail marita, wild pandanus.

Bipo, taim ol tumbuna laik go wokim haus long bus bilong painim abus na wokim kalabus bilong abus, ol bai kisim kru bilong *Sisak warau* na kukim wantaim kaukau long sospen. Wanem kain doti (*samuw*) bilong meri, o kaikai nabaut, o posin; em bai rausim. Tewel bilong husat bai no inap bihainim yu moa. Long Tokples Nekgini ol i save kolim *kaap arerenung* long rausim tewel na *samuw yakas arerenung* long rausim doti.

When our ancestors made bush huts for hunting expeditions and to trap animals, the shoots of this *Pandanus* sp. were boiled and eaten with sweet potato prior to hunting. Any spirits or devils caused by the polluting influences of women, food or poison were thereby countered prior to hunting expeditions.

Plate 2-7: *Sisak warau* (*Pandanus* sp.)

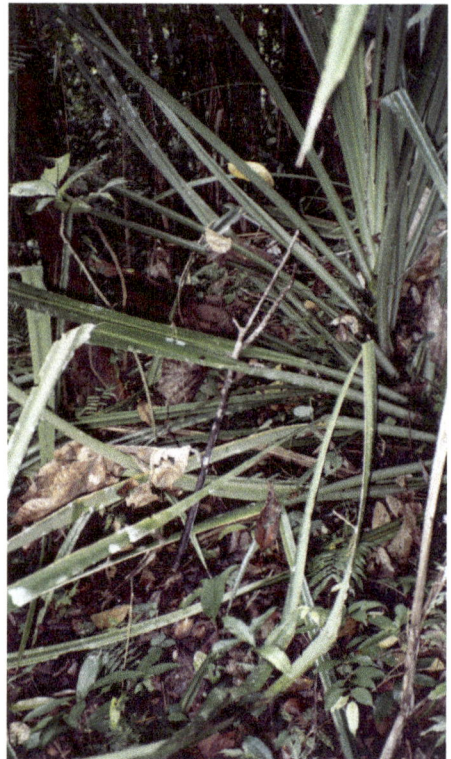

Plate 2-8: *Sisak warau* (*Pandanus* sp.)

Kunung

Bilong daunim narapela

Dispela *Kunung* diwai (Plate 2-9, 2-10) bai daunim olgeta narapela samting i kamap long as bilong en, ol gras o wanem samting. Ol diwai tu bai drai, na em bai kliaim rot bilong en. Olsem mipela save tok, 'em bilong hatim skin'.

Taim ol manki i go long bus, ol bai go antap long dispela diwai, na blakpela anis bilong diwai bai kaikaim ol, na ol bai rausim isi isi. Ol wara bilong diwai bai go insait long skin bilong ol, na mekim ol hat. Taim mi laik kisim ol manki i go long bus bilong mekim ol gro, ol mas lusim wara na draim skin wara bilong ol pastaim. Mi bai givim ol *Kunung* wantaim kulau, na ol mas gro olsem dispela diwai. Samting save kukim ples, bai ol manki wokim wankain. Ol meri bai laikim ol.

Endospermum labios[5]

To elevate oneself

Endospermum labios (Plate 2-9, 2-10) suppresses the growth of any other plants, such as grasses and shrubs that grow around its base. This tree is considered dry and it eliminates everything that hampers its growth. We say it is for making your skin hot.

When boys are initiated they climb this tree and the black ants that live in it bite them and they remove them carefully. The ants transfer *Endospermum labios* sap through the skin which makes the boys hot. When we prepare boys for the ritual to make them grow during initiation, they give up drinking water and their skin becomes dry. We give them *Endospermum labios* sap with the milk of a young coconut to drink to make them grow like the *Endospermum labios*, displacing those around them. Just as this tree 'burns' the ground around it, the boys will have a similar effect and women will fall in love with them over other men.

---

5. *Endospermum labios* Schodde (Euphorbiaceae). Alternative identification: *Macaranga* sp. (Euphorbiaceae).

Narapela wok bilong en em olsem: mipela i gat wanpela kastom, mipela save tok *yallo*. *Yallo* em olsem yu kisim abus o wanem samting na go givim long wantok bilong yu. Em lukim dispela samting bilong yu, na em mas laikim dispela samting, na bekim wantaim wanpela gutpela samting bilong en. Em *yallo*. Taim yu laik wokim olsem, yu mas raunim dispela presen bilong yu givim long wantok wantaim lip bilong tanget, na yu go pasim lip tanget long han bilong dispela *Kunung* diwai. Em bai mekim dispela wantok laikim samting yu givim em, na em ken bekim wantaim gutpela samting.

Wankain, taim ol meri i laik go maket, ol ken raunim samting wantaim tanget na pasim long han bilong dispela diwai. Ol man kamap na lukim samting bilong ol, ol bai laikim, na pinisim hariap.

This species is also used when visiting trade partners to encourage their generosity. A customary practice of eliciting valuables from such partners is called *yallo*. In this practice, one takes some meat or some other good thing and gives it to a friend. They will see what you have brought and be moved to give you something valuable in return. If you pass a cordyline (*Cordyline fruticosa*, see Plate 3-4) leaf around your offering and tie the leaf to an *Endospermum labios* branch, your friend will like the look of your present enough to give you something very valuable.

Similarly, when going to the market, women pass cordyline leaves around their produce and then tie them in the branches of an *Endospermum labios* tree, people are attracted and are keen to buy their produce.

Plate 2-9: *Kunung* (*Endospermum labios*)

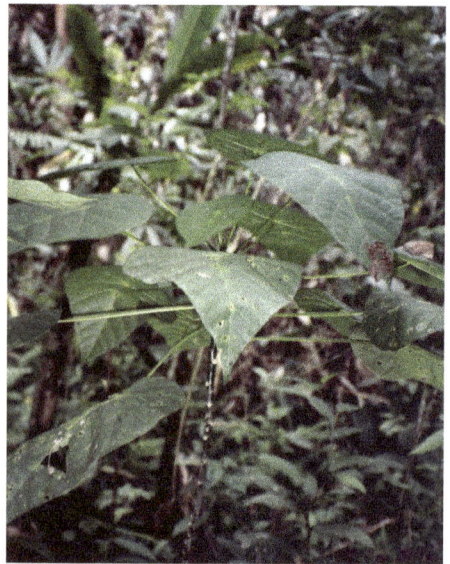

Plate 2-10: *Kunung* (*Endospermum labios*)

Piraaking

Pinisim tambu long wara

Taim lusim wara, o planim ai bilong taro, na wok pinis, bai yu spetim dispela *Piraaking* (Plate 2-11, 2-12), na pawa bilong tambu bai no inap go aut. Kaikai bun bilong en namel long ol lip, na spetim, na tambu bai pinis, tasol pawa bai stap. Wokim olsem, na pawa bilong tambu bai no inap go aut taim yu kaikai nabaut gen.

Pennisetum macrostachyum[6]

For ending a time of being tabooed from water

Pennisetum macrostachyum (Plate 2-11, 2-12) is used for when one gives up water (for ritual 'heat'), planting taro buds, or finishing other ritual work. One must spit the *Pennisetum macrostachyum* before breaking taboos observed. When the stem is chewed and then spat out after planting taro, the power of the ritual preparations of the taro will remain even though you eat from many hands again, and do not observe the taboos any more.

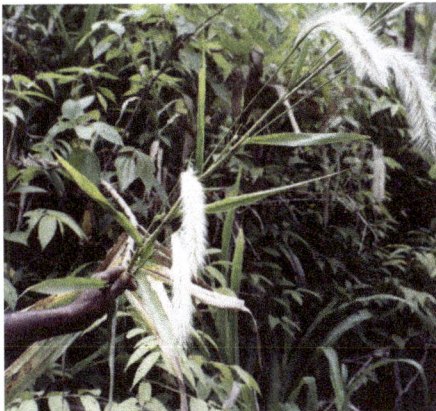

Plate 2-11: *Piraaking*
(*Pennisetum macrostachyum*)

Plate 2-12: *Piraaking*
(*Pennisetum macrostachyum*)

---

6. *Pennisetum macrostachyum* (Gramineae). Alternative identification: (Poaceae).

Saari

Bilong sanda

Dispela *Saari* em smel gorgor (Plate 2-13). Putim long bilum, bilong mekim smel nais. Taim bilong singsing, hangamapim long skin, bilong mekim gutpela smel. Yu ken wokim sanda bilong singsing (*gneemung*) wantaim dispela na ol narapela samting.

Sirisir/Mambumaambu

Bilong bilasim malo bilong tambaran

Sirisir (Plate 2-14, 2-15) em save stap klostu long wara. Mipela yusim bilong bilasim tambaran, bai yu bungim dispela wantaim ol narapela plaua olsem: *Apiyoi* (wail taro), *Turik uptapoli* (Plate 5-3), *Kawara'pung,* na *Masau* (Plate 3-24). Ol man tu save bilas wantaim ol dispela ol plaua.

Perfumed leaf[7]

For perfume

This aromatic ginger (Plate 2-13) is hung from string bags during ceremonies to emanate a distinctive scent. It is also used in preparation of perfume for dancing during ceremonies.

Schismatoglottis calyptrata[8]

For decorating items of the male cult

The small flower of *Schismatoglottis calyptrata* (Plate 2-14, 2-15) grows close to streams and pools. It is used together with other plants such as, wild taro, *Codiaeum variegatum* (Plate 5-3), and *Cordyline fruticosa* (Plate 3-24) to decorate the paraphernalia of the spirits, and people involved in ceremonies.

---

7.   Unidentified species (Zingiberaceae), smel gorgor, aromatic ginger.

8.   *Schismatoglottis calyptrata* (Araceae).

Plate 2-13: *Saari* (perfumed leaf)

Plate 2-14: *Sirisir/Mambumaambu* (*Schismatoglottis calyptrata*)

Plate 2-15: *Sirisir/Mambumaambu* (*Schismatoglottis calyptrata*)

Kisse'ea

Bilong bilasim haus tambaran wantaim *tse'tsopung*[10]

Dispela *Kisse'ea* (Plate 2-16, 2-17) mipela yusim olsem bombom bilong *tse'sopung*. *Tse'tsopung* em i wanpela mambu mipela wokim wantaim tambaran (Plate 218, 219). Mipela putim long haus tambaran long taim bilong singsing. Bipo ol tumbuna save kisim bun bilong en na draim em. Ol save laitim *Kisse'ea* na boinim dispela mambu *tse'sopung*, na mambu bai kamap olsem dispela *Kisse'ea* na luk nais long ai bilong ol man. *Kisse'ea* save karim plaua antap, na mipela bilasim plaua olsem long het bilong *tse'sopung*. Makim olsem, na *tse'sopung* bai kamap gutpela.

Tapeinochilos piniformis[9]

Making decorated poles for the spirit house

Tapeinochilos piniformis (Plate 2-16, 2-17) is used to decorate the *tse'tsopung* (Plate 2-18, 2-19), made by the spirit cult in seclusion, and then used to decorate the spirit house at ceremonial times. Our ancestors dried the stems of this bamboo, before setting them alight and scorching the skin of the bamboo pole. This ensures the pole takes on the look of *Tapeinochilos piniformis*, some species of which carry their dramatic flowers high above the ground in the same way as we decorate the flowers on top of the *tse'sopung* pole. Using *Tapeinochilos piniformis* for *tse'sopung* associates the carving with the flower and makes it look good.

---

9. *Tapeinochilos piniformis* Warb. (Costaceae).

10. *Tse'tsopung* em i wanpela mambu mipela save wokim wantaim tambaran na putim long haus tambaran long taim bilong singsing tambaran long wokim pati kaikai (Plate 2-18, 2-19).

Plate 2-16: *Kisse'ea*
(*Tapeinochilos piniformis*)

Plate 2-17: *Kisse'ea*
(*Tapeinochilos piniformis*)

Plate 2-18: *Tse'sopung*
(Sarangama hamlet, 1995).

Plate 2-19: *Tse'sopung*
(Ririnibung hamlet, 2006).

Alu karowung

Rop bilong mekim marila

Alu karowung mipela yusim long marila. Rop bilong en, em i yelo nogut tru. Kisim rop bilong *Alu karowung* (Plate 2-20), na kolim nem bilong meri yu laikim. Sapos rop em i bruk, ol tok meri bai no inap kam long yu. Tu, yu ken sikrapim rop bilong en na kukim sanda bilong paspas bilong yu, na wanpela sanda bilong meri yu gat laik long en; sapos meri save long yu. Narapela rot, yu ken kukim long wel na putim long skin.

Mikung

Marila

Rop bilong *Mikung* (Plate 2-21), mipela yusim long wokim marila. Nogat bikpela stori bilong dispela rop tasol bai yu kisim rop bilong en, kolim meri na kamautim, na tanim wantaim sampela narapela rop na putim long wel.

Piper sp.[11]

Love charm vine

This *Piper* sp. vine (Plate 2-20) is very yellow. While pulling at an exposed root, you say the name of your intended conquest. If the root comes away whole, you will be able to seduce her; if it breaks, you will not. Also, you can scrape the bark of the root into the perfumed parcel for your decorative dancing armband and make one the same for the girl if you know her well enough that she will accept this! This *Piper* sp. root can also be made into oil and rubbed on the skin.

Vine for love magic[12]

Love magic

This unidentified vine (Plate 2-21) is used in love magic but has no real story attached to its use. The vine is uprooted while thinking of the woman's name. It is then mixed with other vines and put in oil.

---

11. *Piper* sp. (Piperaceae).
12. Unidentified species (Menispermaceae).

Plate 2-20: *Alu karowung* (*Piper* sp.)

Plate 2-21: *Mikung* (vine for love magic)

Sapta Tri
Wokim ol samting bilong daunim sik

Chapter Three
Medicinal plants

Long taim bipo, ol tumbuna save olsem as bilong olgeta sik i stap long kros o wari wantaim ol narapela man, o tumbuna/masalai givim sik long ol man. Long dispela taim bipo insait long ples bilong tumbuna bilong mipela, i gat wanpela kain rot bilong givim sik long ol narapela man. Mipela save kolim dispela rot, 'posin', na wan wan ples (*palem*) i gat posin man bilong ol bilong lukautim ol. I no olsem posin stret. Posin em min olsem kisim hap samting bilong narapela na putim long mambu long paia, na sik bai kisim dispela man. Nau yet, mipela i no save long kain samting, na nogat posin man i stap long Reite. Long taim bilong Yali [Singina, 1912–75], ol papa tumbuna bin lusim olgeta kain samting olsem.

Long sait bilong stretim posin sik, i gat wanpela kawawar, ol kolim *Kusin tong*. Ol tumbuna bin tok olsem dispela kawawar em bilong 'brukim mambu'. Kisim dispela kawawar, *Kusin tong*, na yu no inap dai long posin. Bilong wanem ol i tok, 'brukim mambu'? Em i min olsem brukim mambu bilong posin.

In the past, our ancestors understood that all illness came from the ill will of other people, or from spirits of ancestors or places, and the only known method of causing sickness here was through 'poison'. Every place (*palem*) had a poison man for their protection from others. This was not direct chemical poisoning, but involved placing some substance from the person to be poisoned in a bamboo tube. We do not know about or practice these things any more. Our fathers and grandfathers gave them up during the time when Yali [Singina, 1912–75] was influential on the Rai Coast.

There was only one thing that could cure 'poison', a kind of ginger called *Kusin tong*. Our ancestors said this ginger was to 'break the bamboo'. After eating this ginger, you would not die of poisoning. It is said that the ginger 'broke the bamboo tube' that contained the poison substances.

Long dispela sapta, i gat ol narapela samting bilong mekim sik kol. Olgeta kolpela samting, i kam long hap bilong san i go daun. Long san i go daun, ol i gat sanguma. Em i narapela samting long posin. Taim ol lain long hap salim sanguma man i kam bilong kilim mipela, ol bai tokim ol lain bilong ol long hia; 'Sapos sanguma kisim yu, bai yu kisim ol dispela kolpela samting'. Nau mipela save gut long ol dispela.

I gat wan wan ol narapela samting wantaim, bilong stopim blut na kain samting olsem, na mipela putim hia wantaim.

In this chapter, there are other plants said to 'make sickness cold'. To the west, they have sorcery practices of other kinds and sorcerers. Ill health as a result of sorcery comes from the west. In the past, when those in the west sent a sorcerer to harm people in this area, they would tell any relatives they had that live here that if they were affected by ill health, they must use certain plants to counteract the sorcery. Now we know many of these plants well.

There are a few other plants we know about which slow the flow of blood and so forth, and we have included them in this chapter.

Wariwi mapoming/ Kusin tong

Brukim mambu: *Kusing tong*

Sapos yu gat posin sik, kaikai dispela *Wariwi mapoming* (Plate 3-1) na bai yu pekpek wara. Em olsem yu rausim sik. Tu, yu ken kisim lip, na rabim long skin, na pen bilong yu bai pinis. 'Brukim mambu', olsem mipela tok: '*Kusing tong*; bilong brukim posin mambu'.

Potent medicinal ginger[1]

Counteract poison

This unidentified ginger (Plate 3-1) is used to counter the effect of poisoning. When eaten, it causes diarrhoea which is said to remove the illness. Leaves can also be rubbed over skin in the areas of the body that aches. *Kusing tong* means 'break the bamboo' [containing the poison substances and material from the victim].

---

1.   Unidentified species (Zingiberaceae), kol kawawar.

Plate 3-1: *Wariwi mapoming/Kusin tong* (potent medicial ginger)

Sowa so

Kolim posin

Dispela diwai *Sowa so* (Plate 3-2), inap long mekim kol ol sik bilong sanguma na posin. Em i ken daunim pawa bilong marila tu; em kol samting. Taim yu laik wokim long sik yu ken kisim lip o kru, na tu, sikrapim skin wantaim. Em i orait long pneumonia tu; holim long ples we pen i stap wantaim *Kakau* (Plate 3-6).

Pisonia longirostris[2]

Counteract poison

Pisonia longirostris (Plate 3-2) works to counter illness caused by sorcery and love-spells. It is a powerful agent. To treat for illness due to such sorcery; leaves or shoots can be taken or rubbed over the skin. Also, making a poultice with *Crinum asiaticum* (Plate 3-6) applied to affected areas is effective for pneumonia.

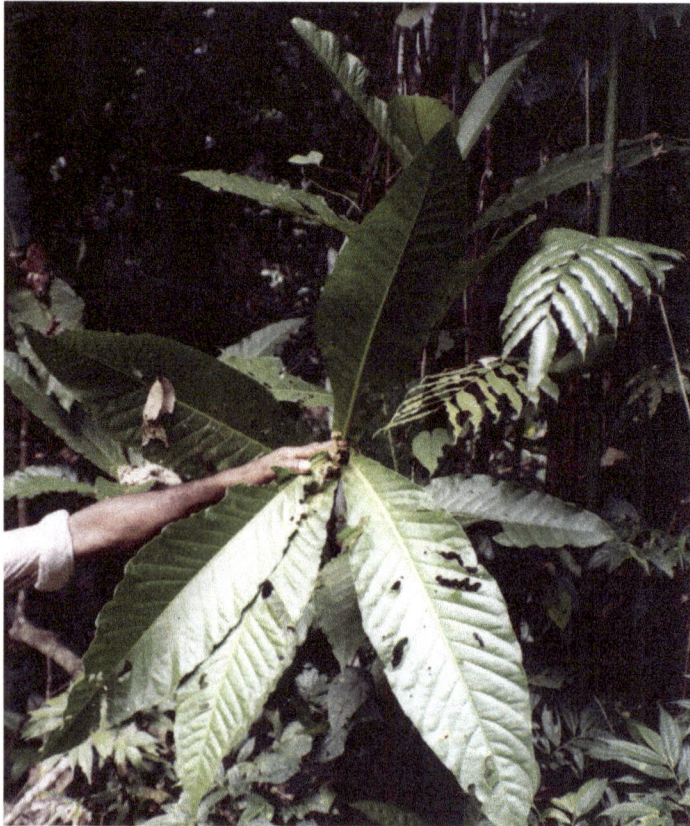

Plate 3-2: *Sowa so* (*Pisonia longirostris*)

---

2. *Pisonia longirostris* Teijsm. & Binn. (Nyctaginaceae). Alternative identification: (Anacardiaceae).

Popitung

Kolim posin

Dispela *Popitung* (Plate 3-3, 3-4), wankain *Sowa so* (Plate 3-2), em bilong daunim ol sanguma na posin. Em bai kolim kambang nogut ol save wokabaut wantaim taim sanguma kisim yu. Na tu, em bilong givim long ol yangpela meri. Mipela wokim wel wantaim ol rop bilong *Popitung*, na marila bai no inap kisim ol. Taim ol kaikai nabaut, ol mas smelim dispela, na marila bai kol.

Angiopteris evecta[3]

Counteract poison

Angiopteris evecta (Plate 3-3, 3-4), works as antidote to the effects of the lime powder that sorcerers use; similar to *Pisonia longirostris* (Plate 3-2). Also, we make an oil from the *Angiopteris evecta* leaf midribs, for unmarried women. When young women have eaten from the hands of someone performing love magic on them, smelling this oil will nullify its effect.

Plate 3-3: *Popitung*
(*Angiopteris evecta*)

Plate 3-4: *Popitung*
(*Angiopteris evecta*)

---

3.   *Angiopteris evecta* (Marattiaceae), turnip fern.

Makama kung

Kolim posin

Makama kung (Plate 3-5) mipela save yusim wantaim ol narapela samting, olsem, *Sowa so* (Plate 3-2) na *Popitung* (Plate 3-3, 3-4), bilong mekim kol ol sik bilong sanguma. Olsem mipela bungim wantaim ol yangpela rop na kru bilong *Makama kung*, na kaikai.

Kakau

Kolim posin

Kakau (Plate 3-6) mipela yusim long kolim sik bilong posin wantaim *Sowa so* (Plate 3-2). Mipela paitim ol lip na bun bilong en, na holim long hap pen i kirap.

Holochlamys beccarii[4]

Counteract poison

Holochlamys beccarii (Plate 3-5) is used in conjuction with *Pisonia longirostris* (Plate 3-2) and *Angiopteris evecta* (Plate 3-3, 3-4) to counter the impact of sorcery. The young roots and shoots are chewed.

Crinum asiaticum[5]

Counteract poison

Crinum asiaticum (Plate 3-6) has already been mentioned as used with *Pisonia longirostris* (Plate 3-2) in conjunction with counteracting the effect of poisoning. The midrib of the leaf or young stems are pounded to a pulp and held against the painful area.

---

4. *Holochlamys beccarii* Engl. (Araceae).

5. *Crinum asiaticum* (Amaryllidaceae or Liliaceae).

Plate 3-5: *Makama kung* (*Holochlamys beccarii*)

Plate 3-6: *Kakau* (*Crinum asiaticum*)

Musiresan

'Tumora o hap tumora': sanguma

Musiresan mipela yusim long posin na sanguma. Sapos ol laik kilim yu i dai, ol bai tok: 'Maski, tumora o hap tumora'. Olsem, ol i tok, bai pulim taim. Em bai givim taim long ol ken stretim yu long kol samting. Yu mas kaikaim ol lip bilong *Musiresan* (Plate 3-7) long dispela taim.

Rungia sp.[6]

'Tomorrow or the next day': sorcery

This *Rungia* sp. is used in cases of poisoning and socery. When a sorcerer decides to kill you, they will delay using the expression: 'Tomorrow or the next day'. This gives time for other 'cold' plants (Plate 3-7) to be administered to counter the sorcerer's spell.

Sasaneng

Painim sanguma

Liklik kaikai long as bilong *Sasaneng* diwai (Plate 3-8), yu kaikai na bai yu slip na lukim wanem ples bagarapim yu. Yu no lukim wanpela ples, em sik nating. *Sasaneng* ken kolim sik tu. Sampela taim mipela bai givim nem *tupongneng*: 'mama bilong wara', bilong dispela *Sasaneng*.

Curcuma cf. *australasica*[7]

Discover source of attack

Small nodules attached to the roots of *Curcuma* cf. *australasica* (Plate 3-8) are eaten, and in dreams that follow, you will see visions of the place that sent sorcery to kill you. If you have no vision, your sickness is not caused by sorcery. It can also counteract the illness. We also call *Sasaneng*, *'tupongneng'* which means 'water's mother'.

---

6. *Rungia* sp. (Acanthaceae). Alternative identification: *Platycladus* sp. (Lamiaceae).

7. *Curcuma* cf. *australasica* (Zingiberaceae).

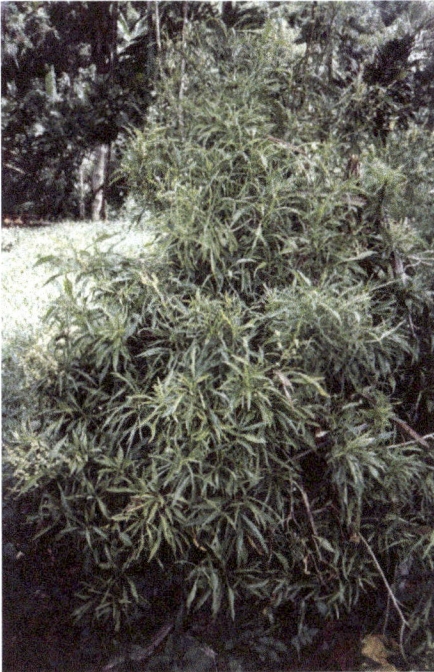

Plate 3-7: *Musiresan*
(*Rungia* sp.)

Plate 3-8: *Sasaneng*
(*Curcuma* cf. *australasica*)

Sisela

Dioscorea merrillii[8]

Bilong daunim sik, haitim man long bus na wokim ofa

Illness, initiation and ritual

Dispela *Sisela* (Plate 3-9), mipela save yusim long taim man i sik. Long kastom bilong mipela, yu mas go na toktok wantaim *Sisela* rop. Olsem bai yu tok: 'Man i sik, na mi laik kolim nau'. Bihain long dispela toktok bai katim rop na putim wara bilong en long mambu. Ol narapela samting bilong kol, long taim yu putim long mambu em bai stap pinis insait. Bai tanim wantaim wara na bai yu givim long sik man long dring.

When someone is suffering an illness due to sorcery, a ritual prayer is spoken to the *Dioscorea merrillii* vine (Plate 3-9) to counteract the spell. Other plants which are also able to counteract sorcery are placed into a bamboo tube. The *Dioscorea merrillii* sap is poured in, and this is given to the sick person to drink.

---

8.   *Dioscorea merrillii* Prain & Burkill (Dioscoreae).

Narapela wok bilong dispela *Sisela*, em wantaim ol manki. Mipela save kisim ol manki na subim ol i go insait long rop bilong *Sisela*. Skin bilong ol bai kamap olsem wel, na sik bai no inap pas long ol. Ol bikpela boi, mipela save givim wantaim kulau, bilong stretim skin. Skin bilong ol bai kamap klin, nogat das long en. Taim ol i dring, ol bai tuhat, na skin bai klin.

Taim mipela kaikai ol nupela samting, mipela save givim ofa long dispela samting. Long dispela ofa mipela bai kisim kukamba, bin (*Puti* Plate 7-9), smel purpur (*Asarsing* Plate 5-4), kain lip taro em gat smel bilong en (*Wikiwiki* Plate 5-18), na smel gorgor (*Saari* Plate 2-13). Mipela putim dispela ol ofa long as bilong *Sisela* rop na wokim hap toktok olsem beten long *Patuki*; olsem, *alulik ya'ketem*, em minim, mi givim kaikai long yu nau. Sapos i gat liklik klaut pairap o ren, mipela tok: 'Em kisim ofa bilong en'. Sapos em bai nogat pairap, *Patuki* em i no kisim. Sapos mipela strong na bai yu lukim ren, yu bai tok: 'Dispela pawa i wok liklik'.

Poing ging

Bilong olgeta sik

Bai yu kisim namel bilong *Poing ging* (Plate 3-10) na tanim. Dring wara bilong en, na sik bai lus long skin bilong yu. Narapela, kisim liklik kru bilong en, na givim ol manki kaikai. Ol bai kamap smat tasol, nogat sik o sua, na bihainim diwai na sanap stret na strong.

Young children are passed through the broken stem of the growing vine to make them resistant to illness giving their skin a smooth sheen. Adolescents are given the sap to drink to induce sweating and make the skin shiny and smooth. When they drink this liquid they feel very hot and their skin will be cleaned.

At the time of first harvest each year, an offering is made to *Patuki* using this vine. New produce, such as cucumbers and beans (Plate 7-9) as well as fragrant plants and gingers (Plate 2-13, 5-4, 5-18) are used to decorate the base of the *Dioscorea merrillii* vine. If it thunders or rains, we know that *Patuki* has accepted our offerings. If there is no thunder but rain can be seen and you remain in good health, then we say the ritual had a little power.

Gastonia spectabilis[9]

General tonic

Squeeze the juice from the *Gastonia spectabilis* (Plate 3-10) stem and drink the sap to cure sickness. The young shoots can be given to children to eat. They will grow well without sickness or sores, just as the *Gastonia spectabilis* tree grows; upright and strong.

---

9. *Gastonia spectabilis* (Araliaceae).

Plate 3-9: *Sisela* (*Dioscorea merrillii*)

Plate 3-10: *Poing ging* (*Gastonia spectabilis*)

Alalau

Bilong stopim blut

Alalau (Plate 3-11, 3-12) nogat blut long bun bilong en, olsem mipela save kisim bilong stopim blut i ran ausait long bodi. Sapos yu kisim bikpela sua long skin, yu ken kisim bun insait long graun bilong *Alalau*, na kaikai.

Anangisowung

Sik bilong lewa

Mipela save yusim *Anangisowung* (Plate 3-13, 3-14) taim mipela pilim lewa kamap na man i sik wantaim yelopela skin. Mipela kisim kru bilong *Anangisowung*, karamapim wantaim lip na kukim long paia. Wara bilong en bai kamaut. Putim dispela wara long ai bilong susu na bebi bai dring. Bikpela ken dring long spun. Bihain bai ol pekpekim dispela lewa bilong ol. Long Tokples Nekgini, *anangi*, em i min olsem lewa na *sowung*, em i minim lip bilong diwai.

Sphaerostephanos sp.[10]

Stop blood loss

This *Sphaerostephanos* sp. fern (Plate 3-11, 3-12) has very little sap. The underground part of the stem is chewed to lessen the flow of blood from a wound and to assist with ulcers and boils.

Spathiostemon sp.[11]

Enlarged spleen and jaundice

New shoots of *Spathiostemon* sp. (Plate 3-13, 3-14) are used for the treatment of an enlarged spleen or jaundice. The shoots are wrapped in leaves and heated on a fire to release the sap from the shoots. The sap is given to babies by placing it on the mother's nipple and adults take it by spoon. This treatment causes the substances causing illness to be excreted with the faeces. In Nekgini, *anangi* means liver and *sowung* means leaf.

---

10. *Sphaerostephanos* sp. (Thelypteridaceae), kumu gras. Alternative identification: *Christella arida* (Pteridophyta or Thelypteridaceae).

11. *Spathiostemon* sp. (Euphorbiaceae).

Plate 3-11: *Alalau*
(*Sphaerostephanos* sp.)

Plate 3-12: *Alalau*
(*Sphaerostephanos* sp.)

Plate 3-13: *Anangisowung*
(*Spathiostemon* sp.)

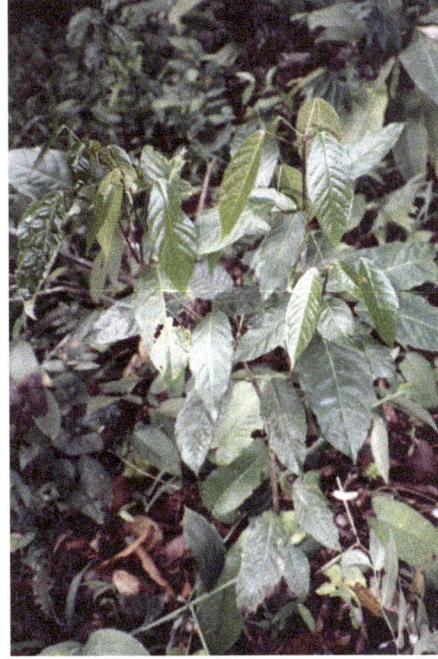

Plate 3-14: *Anangisowung*
(*Spathiostemon* sp.)

Kinga'lau

Kus marasin

Katim dispela rop bilong *Kinga'lau* (Plate 3-15, 3-16) na dringim wara bilong en. Em i sol na bai mekim kus i lus long nek.

Upi tapoli

Mekim traut

Dispela *Upi tapoli* (Plate 3-17, 3-18) em bilong mekim yu traut. Tanim wantaim banana o galip. Ol tumbuna save kisim bilong mekim yu traut, na rausim ol sik long bel. Traut bilong yu yelopela o blakplela, ol bai tok; 'Yu gat posin sik'.

Sauce'a

Mekim traut

Mipela yusim *Sauce'a* (Plate 3-19, 3-20) bilong mekim man traut na painim sik. Bai yu putim wara bilong *Sauce'a* long kulau na bai kamap olsem susu. Sapos yu traut, ol bai givim yu *Puti* (Plate 7-9), sol diwai (*paap*) wantaim kawawar, na em bai pinisim dispela traut.

Uncaria cf. *lanosa*[12]

Medicine used to treat colds

Sap of the *Uncaria* cf. *lanosa* vine (Plate 3-15, 3-16) is used to treat colds and 'flu. Drinking the bitter juice of *Uncaria* cf. *lanosa* loosens phlegm.

Plant for spiritual poisoning

Induce vomiting

Since the time of our ancestors we have used this unidentified plant (Plate 3-17, 3-18) to remove the cause of sickness by vomiting. It is mixed with banana or 'galip' nuts and eaten. Yellow or black colour vomit is confirmation of spiritual poisoning.

Plant for determining illness

Induce vomiting

This unidentified plant (Plate 3-19, 3-20) is used to induce vomiting and discover the cause of illness. The milky sap is mixed with coconut milk and drunk. Wingbean (Plate 7-9) and salt-wood with ginger is then administered as antidote to stop the vomiting.

---

12. *Uncaria* cf. *lanosa* (Rubiaceae).

Plate 3-15: *Kinga'lau*
(*Uncaria* cf. *lanosa*)

Plate 3-16: *Kinga'lau*
(*Uncaria* cf. *lanosa*)

Plate 3-17: *Upi tapoli*
(plant for spiritual poisoning)

Plate 3-18: *Upi tapoli*
(plant for spiritual poisoning)

Plate 3-19: *Sauce'a*
(plant for determining illness)

Plate 3-20: *Sauce'a*
(plant for determining illness)

Samandewung

Mekim traut

Mipela yusim *Samandewung* (Plate 3-21) long mekim man traut bilong painim sik. Boilim *Samandewung* na kisim wara bilong en na dring. Taim yu traut, ol bai givim yu *Puti* (Plate 7-9), sol diwai (*paap*) wantaim kawawar, na em bai stopim dispela traut.

Dysoxylum cf. *mollissimum*[13]

Induce vomiting

Dysoxylum cf. *mollissimum* (Plate 3-21) is used as an alternative to *Sauce'a* (Plate 3-19, 3-20) to induce vomiting and discover the cause of illnesses. The *Dysoxylum* cf. *mollissimum* is boiled and the liquid drunk. To stop the vomiting, a mixture of wingbean (Plate 7-9) and salt-wood with ginger is then administered as antidote.

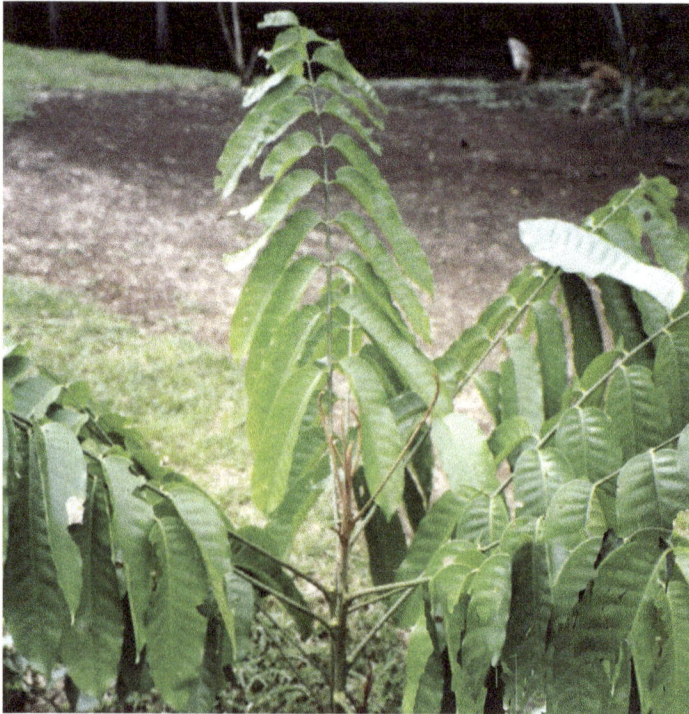

Plate 3-21: *Samandewung* (*Dysoxylum* cf. *mollissimum*)

---

13. *Dysoxylum* cf. *mollissimum* (Meliaceae).

Saping

Mekim sua drai

Dispela *Saping* (Plate 3-22, 3-23) mipela yusim long mekim sua drai. Kisim kaikai bilong *Saping* na brukim long ai bilong sua. Susu bilong en bai kamap, na tanim yelo.

Ficus botryocarpa Miq. var. *subalbidoramea*[14]

Treat sores

Ficus botryocarpa Miq. var. *subalbidoramea* (Plate 3-22, 3-23) is used to draw out and heal sores. This is done by painting the milky yellow discharge of the seeds over the effected area.

Plate 3-22: *Saping (Ficus botryocarpa* Miq. var. *subalbidoramea)*

Plate 3-23: *Saping (Ficus botryocarpa* Miq. var. *subalbidoramea)*

---

14. *Ficus botryocarpa* Miq. var. *subalbidoramea* (Elm.) Corner (Moraceae).

Masau

Mekim sua drai

Kisim yangpela kru lip bilong *Masau* (Plate 3-24), karamapim, na kukim long paia. Taim em hat yet, tanim na putim wara i go long sua bilong yu. Skin em bai kamap ret na solap na mipela kolim dispela, *tsaking melendewiyung*. Bihain, sua bai pinis.

Sapos i gat ol liklik mak i kamap long skin na i sikrap, mipela save kolim *gninsi gninsing*. Taim i gat olsem, yu kisim retpela kaikai bilong pikinini bilong *Masau* na rabim wara bilong en long skin. Olgeta liklik mak bai bruk bruk na pinis.

Kartiping sangomar

Pekpek wara

Lip bilong *Kartiping sangomar* (Plate 3-25) mipela save yusim bilong pasim pekpek wara. Olsem, kisim lip na tanim wara bilong en i go daun long spun, na dring. Em bai mekim bel bilong yu strong na pinisim pekpek wara.

Cordyline fruticosa[15]

Treat sores

Cordyline fruticosa (Plate 3-24) is also used to treat sores. Young leaves and shoots are covered in leaves and heated over the fire. The hot sap is squeezed over the sore which will swell and become red.

For little pimples as occurs with a rash, cover the effected area with sap from the red seeds. After rubbing the sap onto the skin, the sores will break and gradually the skin will heal.

Desmodium ormocarpoides[16]

Diarrhoea

The *Desmodium ormocarpoides* leaves (Plate 3-25) are used to make a preparation to relieve diarrhoea. The juice of the leaves is extracted and drunk by the patient. The juice congeals the contents of the bowel and relieves diarrhoea.

---

15. *Cordyline fruticosa* (Laxmanniaceae), tanget.

16. *Desmodium ormocarpoides* DC. (Fabaceae).

Plate 3-24: *Masau (Cordyline fruticosa)*

Plate 3-25: *Kartiping sangomar (Desmodium ormocarpoides)*

Uli tokai

Bun na skru pen

Uli tokai (Plate 3-26) mipela save yusim long taim yu gat sik long baksait o join i lus. Kukim skin bilong yu wantaim dispela retpela lip salat. Em bai solap liklik na skin o bun pen bai pinis.

Mosong rop, *Yuyung* (Plate 4-7, 4-8), kukim yu, yu ken rabim dispela salat mipela kolim, *Uli tokai*, na em bai pinis.

Laportea decumana[17]

Bone and joint pain

Laportea decumana (Plate 3-26) is a stinging nettle used for joint or back pain. The affected area is rubbed with this red-leaved nettle. The skin will swell as a result of the nettle but the joint or bone pain will disappear.

When the stinging vine *Pueraria lobata* (Plate 4-7, 4-8) scratches your skin, the *Laportea decumana* nettle soothes it.

Plate 3-26: *Uli tokai* (*Laportea decumana*)

---

17. *Laportea decumana* (Urticaceae), salat, nettle.

Karimbung/Sowi tokai

Joinim bun

Narapela salat, dispela *Karimbung* (Plate 3-27) mipela yusim bilong joinim bun. I gat ol hap tok bilong en. Kukim ples bun bruk long en pastaim na bai karamapim wantaim lip. Kukim pinis, putim lip gen long dispela hap, na strongim long ol hap mambu, na pasim wantaim. Em ken i stap sampela mun, inap bun join gen.

Laportea cf. *interrupta*[18]

Mend broken bones

The *Laportea* cf. *interrupta* nettle (Plate 3-27) is used in Reite for joining broken bones. There is a spell that is associated with this treatment using the nettle. Heat the area of the break and cover it with this *Laportea* cf. *interrupta* leaf. Place a split bamboo around the leaves to hold the bone in place. It can stay there for a month or more.

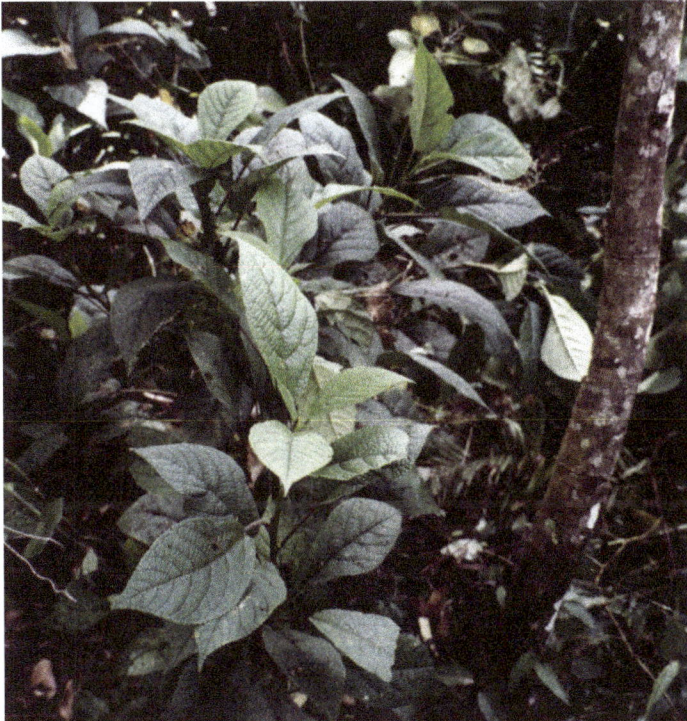

Plate 3-27: *Karimbung/Sowi tokai* (*Laportea* cf. *interrupta*)

---

18. *Laportea* cf. *interrupta* (Urticaceae), salat, nettle.

Malaap/Anang barar

Skin i solap

Sapos yu pundaun na skin i no bruk tasol hap i solap bikpela na pen i stap, ol save kisim namel bilong *Malaap* (Plate 3-28, 3-29), na kukim long paia. Ol tekewe skin, na tanim, bikpela wara i go pinis, ol bai kisim wara stret bilong en na rabim long skin bilong yu.

Musa sp.[19]

Skin swelling

This *Musa* sp. (Plate 3-28, 3-29) is used for swellings without broken skin. The *Musa* sp. stem is heated over a fire and the bark removed. The first water is allowed to run off and then the remaining sap is squeezed over the effected area.

Plate 3-28: *Malaap/Anang barar* (*Musa* sp.)

Plate 3-29: *Malaap/Anang barar* (*Musa* sp.)

---

19. *Musa* sp. (Musaceae), cultivated banana.

Sapta Foa

Wokim ol samting bilong haitim man o meri long bus

Chapter Four

Preparations for initiation and coming of age

Taim ol boi save hait long bus na lukim tambaran, na taim ol meri save kalapim skin bilong ol, i gat ol we bilong wokim senis bilong ol mas kamap gut. Taim bilong ol lusim haus o kamap long ai bilong ol man, i gat we bilong mekim ol mas skin tait na lait na lukluk bilong ol mas kamap gutpela.

At initiation for boys and first menses for girls, neophytes are secluded in the men's house or in the bush (boys) or a village house (girls). Plants are used to ensure their correct development during this period and their subsequent growth. At the time of their emergence from this seclusion, plants are used to ensure that their skin is smooth and shiny, and that their appearance is attractive and impressive.

Kandang dau

Bilong wasim ol manki na bilasim ol

Mipela save yusim dispela *Kandang dau* (Plate 4-1) bilong wasim ol manki taim ol i go long bus long lukim tambaran. Taim bilong ol i kamap, mipela save paitim rop bilong *Kandang dau*, bihain karamapim, na kukim long paia. Taim em i kuk pinis mipela wasim ol manki wantaim na bihain putim pen long skin bilong ol. Em bai mekim olsem nogat doti kamap long skin bilong ol manki (lukim *Kapuipui*, Sapta 5).

Curcuma longa[1]

Initiation and decoration

Before the emergence of young boys from the bush during the initiation process, they are washed with *Curcuma longa* (Plate 4-1) to clean their skin before red paint is applied. The turmeric root is pounded, wrapped in leaves and put into the fire. The cooked paste is used to wash the skin (see *Coleus blumei*, Chapter 5)

---

1. *Curcuma longa* (Zingiberaceae), turmeric.

Narapela wok bilong *Kandang dau* em bilong wasim dispela mambu long wokim *tse'sopung* (Plate 2-18, 2-19). Mipela paitim rop bilong *Kandang dau* bilong kisim wara bilong en *(tupooning),* na wasim skin bilong mambu wantaim dispela wara em bai kamap isi na slek. Dispela mekim isi long wokim malen long en. Skin bilong mambu bai stap grin, na ples yu sapim bilong malen em bai wait (Plate 4-2).

Curcuma longa is also used in the preparation of the decorated house poles called *tse'sopung* (Plate 2-18, 2-19). The turmeric is beaten to a pulp and its sap rubbed over the skin of the bamboo which makes the surface easy to carve. The skin remains green and the carved areas reveal the inner white woody tissue (Plate 4-2).

Plate 4-1: *Kandang dau* (*Curcuma longa*)

Plate 4-2: Wasim *tse'sopung* pinis wantaim *Kandang dau.* Decorative bamboo pole made by the male cult (*tse'sopung*) after washing with *Curcuma longa*.

---

2.   *Tetrastigma* cf. *lauterbachianum* (Vitaceae).

Maybolol

Wasim ol manki

Rop bilong *Maybolol* (Plate 4-3) mipela yusim long mekim pes bilong ol manki retpela olsem blut, long taim bilong ol i kamap long ai bilong ol man. Em bai luk olsem blut i stap long pes na em bai ret olgeta. Mipela save brukim rop bilong *Maybolol* namel na putim ol manki i go insait na kamap long hap sait. Yu ken givim ol long dring tu. Tasol taim yu putim ol manki insait yu no ken katim dispela rop, yu mas painim narapela bilong givim ol manki dring. Rop em i gat retpela skin.

Tetrastigma cf. lauterbachianum[2]

Washing initiates

The *Tetrastigma* cf. *lauterbachianum* vine (Plate 4-3) is used to redden the faces of initiates so that the skin appears plump, red and shiny. Young boys are passed through the split trunk of the vine, which is tied up again. The vine must not be cut subsequently or the child will not grow. The juice from *Tetrastigma* cf. *lauterbachianum* is sometimes drunk in different rites to make boys grow, but the specific vine a boy has passed through must never be cut for juice. This is a vine with red bark.

Plate 4-3: *Maybolol* (*Tetrastigma* cf. *lauterbachianum*)

Raning

Klinim skin bilong ol manki

Raning (Plate 4-4) em i retpela rop wantaim retpela plaua bilong en na mipela save givim wara bilong en long ol manki. Taim ol manki laik kisim, ol mas lusim wara long tupela o tripela de. Mipela kisim sampela narapela rop na ol manki save dringim wantaim kulau. Kulau bai no inap pundaun long graun, yu mas pulimapim long bilum antap yet. Sapos kulau lus long graun bai mekim 'tewel bilong kulau bai ranawe' (*kaaping popawe*). Olgeta rop na kulau em bilong mekim skin bilong ol manki kamap. Bihain long dispela wok, em i tambu tru bilong ol manki i go klostu long ol meri.

Mucuna novoguineensis[3]

Cleansing initiates' skin

Mucuna novoguineensis is a red vine with red flowers (Plate 4-4). We give its juice to boys to make them grow. The boys do not drink any water for two or three days prior to drinking the juice of this vine. The juice is mixed with the juice of other vines and drunk in green coconut water. These coconuts must be taken from the palm tree, those that have fallen to the ground must not be used, nor must the green coconuts be knocked to the ground when they are collected for this use. If fallen coconuts are used, the spirit of the coconut will leave them (*kaaping popawe*) and the boys will not grow. After this rite the young boys must avoid contact with women for several days or weeks.

Plate 4-4: *Raning* (*Mucuna novoguineensis*)

---

3. *Mucuna novoguineensis* Scheff. (Fabaceae).

Gnorunggnorung

Bilong hatim skin

Dispela *Gnorunggnorung* (Plate 4-5, 4-6) yu ken wasim han long en, o smelim na hatim nus bilong yu. Sapos yu kisim taim yu laik painim abus yu ken kisim dispela na wasim han, o sapos marila i no wok, yu ken lusim wara na go kisim lip na smelim, na bai yu hat gen.

Smilax sp.[4]

To make you hot

Rubbing *Smilax* sp. leaves (Plate 4-5, 4-6) in between the hands or inhaling the smell will restore spiritual power. If you have trouble with hunting, or your love magic is not working, then you can use this to wash your hands and you will be hot again.

Plate 4-5: *Gnorunggnorung* (*Smilax* sp.)

Plate 4-6: *Gnorunggnorung* (*Smilax* sp.)

---

4. *Smilax* sp. (Smilacaceae).

Yuyung

Bilong strongim ol pawa

Wanem samting mipela traim, olsem ston bilong wokim haus pisin, na i no wok; mipela kisim dispela *Yuyung* lip (Plate 4-7, 4-8) na bungim wantaim *Gnorunggnorung* (Plate 4-5, 4-6) na ol narapela hatpela samting, na em bai kamap hat ken.

Namung mileeting

Traim ol man na meri

Bipo, ol tumbuna bin yusim *Namung mileeting* (Plate 4-9, 4-10) bilong traim man bilong posin. Ol bin kukim hap sospen graun long paia pastaim. Bihain putim tupela hap lip bilong *Namung mileeting* bilong karamapim dispela ol hap sospen na kukim han bilong manki wantaim lip. Sapos skin paia, ol save man no inap long wokim posin.

Taim yangpela meri i stap long haus long taim em kalapim skin, ol meri inap wokim wankain. Kukim han wantaim *Namung mileeting* bilong ol mas kukim kaikai em mas hat na switpela. Tumbuna nogat sol bilong mekim kaikai swit, olsem ol save wokim kain samting olsem.

Pueraria lobata[4]

Restoring spiritual power

Pueraria lobata (Plate 4-7, 4-8) is used to restore the power of objects used in magic and hunting. When constructing things like a bird hunting hide, we use certain stones to draw birds to the hide. To make the stones powerful, we put them in the fire with *Pueraria lobata* and *Smilax* sp. leaves (Plate 4-5, 4-6) to ensure their power will be strong.

Hoya sp.[5]

Initiate's test

The *Hoya* sp. leaves (Plate 4-9, 4-10) were used by our ancestors to see if a newly initiated boy had the power of sorcery. Shards of clay pot were heated in a fire and then the thick *Hoya* sp. leaves were placed on the shards to heat up. The leaves were then laid on the open palm of the initiate. If the skin did not burn, they were judged a suitable candidate.

Women also burn their hands like this in initiation to encourage heat and therefore sweet tasting food when they cook. Ancestors did not have salt to make food taste savoury, so they employed techniques such as this instead.

---

4. *Pueraria lobata* (Leguminosae/Papilionatae), mosong rop.

5. *Hoya* sp. (Asclepiadaceae).

Plate 4-7: *Yuyung* (*Pueraria lobata*)

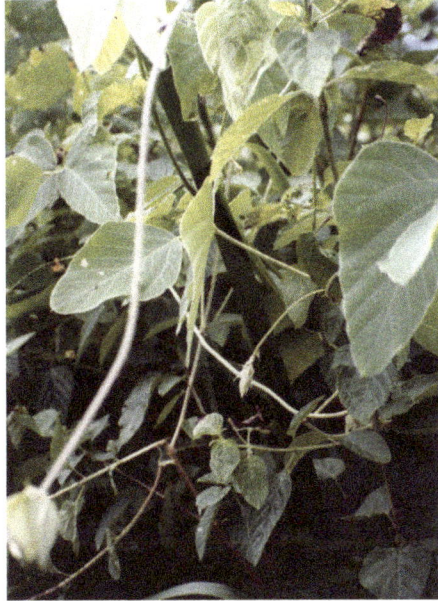

Plate 4-8: *Yuyung* (*Pueraria lobata*)

Plate 4-9: *Namung mileeting*
(*Hoya* sp.)

Plate 4-10: *Namung mileeting*
(*Hoya* sp.)

Sapta Faiv
Wokim ol samting bilong ai bilong gaden

Chapter Five
Preparations for garden rituals

Long Reite, olgeta gaden taro i gat sut o ai bilong gaden (*wating*). *Patuki* [stori] yet em tokim ol tumbuna long planim gaden olsem insait long tupela taro stori bilong ol Reite: *Samat Matakaring Patuki* na *Mai'anderei Patuki*. Taro '*kapa*' (Plate 7-1) em i nambawan kain taro *Patuki* bin givim ol tumbuna.

Taim taro redi pinis long gaden, ol man save planim ol samting bilong *wating* gen long rot i stap arere long gaden. Dispela wok em bilong banisim gaden. Ol save tok, 'pasim rot bilong taro'. Taro bai no inap ranawe, na bai stap longpela taim long gaden.

In Reite, all taro gardens are planted with a central ritual planting (lit. 'garden's shoot'). The form of this planting is specific to Reite, and it was specified by the Taro deities (*Pel Patuki*) in the two origin myths of taro: *Samat Matakaring Patuki* and *Mai'anderei Patuki*. These are the plants that mythic ancestors (*Patuki*) designated as essential to the growth of the particular taro varieties they revealed to Reite people. Taro '*kapa*' (Plate 7-1) is the original strain of taro given to Reite people by *Patuki*.

When taro from these gardens is ready for harvest, a similar planting is made on the path that leads to and from the garden. This prevents the spirit of the taro from leaving the garden of its own will, and means the garden will have tubers in the ground for many months. This planting is called 'closing the road of the taro'.

Kapuipui

Klinim pes

Ol meri, taim ol kalapim skin na stap long haus, ol save klinim pes long dispela *Kapuipui* (Plate 5-1, 5-2), long mekim skin tait na lukluk gutpela long ol ai bilong ol manmeri long ples. Na ol manki tu, taim bilong wasim ol long *Kandang dau* (Sapta 4, Plate 4-1), ol bai wasim pes bilong ol wantaim *Kapuipui*, long moning taim yet na pes bilong ol bai kamap yelo liklik. Long bihainim dispela pasin, ol manki bai kamap smat long ai bilong ol man.

I gat narapela yus long *Kapuipui* tu na em bilong planim long ai bilong gaden olsem bilong bilasim ples.

Turik upitapoli

Planim ai bilong gaden

Bipo yet, *Patuki* bin planim ai bilong gaden wantaim dispela *Turik upitapoli* (Plate 5-3), na mipela bihainim dispela pasin i kam long nau.

Coleus blumei [1]

Cleaning faces

When young girls experience their first menses (seclusion/initiation), their faces are washed with *Coleus blumei* (Plate 5-1, 5-2) to make their skin look tight and fresh. Young men too, before they appear from their initiation seclusion, wash with *Curcuma longa* (Chapter 4, Plate 4-1) and wash their face with *Coleus blumei*, giving the face a yellow hue. This makes young men look good when they emerge from seclusion to face the village community in the early morning.

Coleus blumei is also planted in the eye/shoot of the garden for decorative purposes.

Codiaeum variegatum [2]

Ritual planting

Codiaeum variegatum (Plate 5-3) is planted as part of the ritual establishing of the 'eye' or centre of the garden as *Patuki* decreed. We still follow the procedure handed down by *Patuki*, who planted this in the 'eye' of the garden.

---

1. *Coleus blumei* or *Coleus amboinicus* (Lamiaceae).
2. *Codiaeum variegatum* (Euphorbiaceae), purpur, croton.

Plate 5-1: *Kapuipui* (*Coleus blumei*)

Plate 5-2: *Kapuipui*
(*Coleus blumei*)

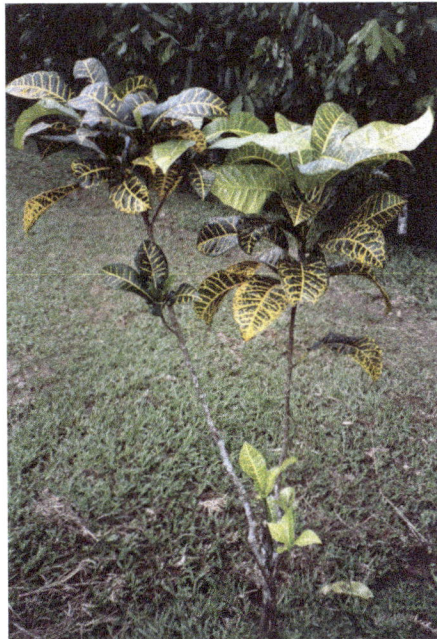

Plate 5-3: *Turik upitapoli*
(*Codiaeum variegatum*)

Asarsing/Narengding

Wasim pikinini na bilong ai bilong gaden

Mipela save yusim dispela smel purpur, mipela kolim *Asarsing* (Plate 5-4), long mekim gaden kol. Smel bilong en mekim na san mas kol. Em i no inap hatim ol taro tumas, gaden bai no inap hat tumas. Tru taim yu wok, bai yu tuhat, tasol ol kru bilong samting bai no inap bagarap.

Olsem long bihainim pasin tumbuna, mipela yusim *Asarsing* long wasim ol nupela bebi (lukim 'Laspela hap long buk 2'). Taim yu wokim dispela pasin, olsem mipela kolim wasim pikinini (*nek sulet*), bai yu putim *Asarsing* long plet na putim bebi antap long dispela bet purpur. Bihain mipela subim plet i go ausait long haus long han bilong ol kandere na ol bai wasim pikinini.

Tu, mipela save yusim long haus pisin na smel bilong en bai mekim ol pisin kamap long diwai. Narapela yus long en, em bilong putim ofa long bun bilong ol tumbuna o long rop diwai bilong wokim ren. Smel bai kisim rop o diwai, na ples bai kol na ren bai kam.

Euodia hortensis[3]

To promote growth

We use the aromatic herb *Euodia hortensis* (Plate 5-4) to keep the garden cool so the sun does not burn the young taro shoots. When you work, you will sweat, but the shoots will stay fresh.

We also use *Euodia hortensis* for washing new born babies (see Appendix 2). As part of this ritual we cover a wooden plate with this aromatic herb and place the new born on top of the *Euodia hortensis* leaves. The baby is then handed on this plate out of the house through a new opening in the rear wall to their maternal kin for their first washing.

Euodia hortensis is also placed in bird hides and the aromatic smell attracts birds to the tree. Another use of *Euodia hortensis* is in sacrificial offerings to the bones of ancestors or to particular vines for weather magic. The fragrance makes the area cool, encouraging rain to come.

---

3. *Euodia hortensis* (Rutaceae).

Plate 5-4: *Asarsing/Narengding* (*Euodia hortensis*)

Tawau

Kamapim taro

Tawau (Plate 5-5), mipela yusim bilong mekim graun mas malmalum, na taro mas kamap. Dispela aibika i gat planti spet bilong en, na mipela planim bai mekim graun malmalum, na taro bai kamap. *Tawau* em save smat long kamap, na ol taro mas lukim na kamap olsem. Em i gat hap tok bilong en. Mipela save singautim sta, na planim. Long nait, dispela hap mas i kamap wet wantaim pispis bilong sta, mipela kolim *puing torong*. Aibika em samting i gat planti spet bilong en. Sta mas kam, na poroman wantaim em, na givim wara long gaden.

Hibiscus manihot[4]

Helping taro grow

Hibiscus manihot (Plate 5-5) has plenty of glutinous sap and planting it makes the garden soil friable. It is also a fast growing plant that encourages the taro plants to grow in a similar manner. There is a spell for this planting. We call the name of the last star in the sky before dawn. This encourages the dew to gather in the garden and water the taro. The star and the aibika are friends and performing this ritual ensures it will water the garden with dew.

Plate 5-5: *Tawau* (*Hibiscus manihot*)

Siwinsing

Smel kunai

Siwinsing, em i wanpela kunai i gat smel olsem muli (Plate 5-6). Em bai givim gutpela smel long gaden, na taro bai swit.

Cymbopogon citratus[5]

Aromatic grass

Cymbopogon citratus is a lemon scented grass (Plate 5-6). When planted, it makes the garden smell nice and the taro taste sweet.

---

4. *Hibiscus manihot* (Malvaceae), aibika.

5. *Cymbopogon citratus* (Poaceae), smel kunai, lemon grass.

Usau anang

San banana

Bipo tru, taim fers man bilong mipela kisim taro long *Patuki*, em yet bin planim wantaim *Usau anang* (Plate 5-7). Mipela no inap kisim narapela banana na planim long ai bilong gaden.

Musa sp.[6]

Sun banana

The taro deity gave our ancestors this *Musa* sp. (Plate 5-7) to plant alongside taro in their gardens. It is this species that we plant with taro to this day.

Plate 5-6: *Siwinsing* (*Cymbopogon citratus*)

Plate 5-7: *Usau anang* (*Musa* sp.)

---

6. *Musa* sp. (Musaceae), san banana, sun banana.

Saapung teti

Bilong kamapim taro

Dispela *Saapung teti* (Plate 5-8, 5-9), mipela save planim long gaden bilong kamapim taro *kapa* stret (Plate 7-1). Mipela save kisim kru bilong en na planim wantaim taro. Kamap bilong dispela rop em hariap, na wankain mipela laikim taro kamap, olsem mipela save yusim.

Serung

Bilong pasim rot bilong taro

Long pasim rot bilong taro mipela save planim *Serung* (Plate 5-10). Em bilong mekim taro mas kamap strong. Taim bilong kaikaim, em no ken malmalum.

Blumea riparia[7]

Growing taro

We plant *Blumea riparia* (Plate 5-8, 5-9) with the variety of taro called '*kapa*' (Plate 7-1). A young shoot of *Blumea riparia* is planted with the taro. It is a fast growing vine which encourages the taro to grow in a similar manner.

Murraya sp.[8]

Closing the road of the taro

For plantings to block the path out of the garden we plant a border of *Murraya* sp. (Plate 5-10). This makes the taro tubers firm, so they are not soft and watery when cooked.

---

7. *Blumea riparia* (Bl.) DC (Asteraceae). Alternative identification: (Acanthaceae).

8. *Murraya* sp. (Rutaceae), mock orange.

Plate 5-8: *Saapung teti*
(*Blumea riparia*)

Plate 5-9: *Saapung teti*
(*Blumea riparia*)

Plate 5-10: *Serung* (*Murraya* sp.)

Alucaru'ung

Bilong pasim rot bilong taro

Mipela save kisim lip bilong *Alucaru'ung* (Plate 5-11, 5-12) na pasim rot bilong taro wantaim. Em i strongpela rop, na em bai mekim kaikai bilong taro strong.

Dichapetalum sp.[9]

Closing the road of the taro

We use the leaves of the *Dichapetalum* sp. (Plate 5-11, 5-12) when we block the road of the taro. It is a tough vine which makes the taro tubers firm.

Plate 5-11: *Alucaru'ung* (*Dichapetalum* sp.)

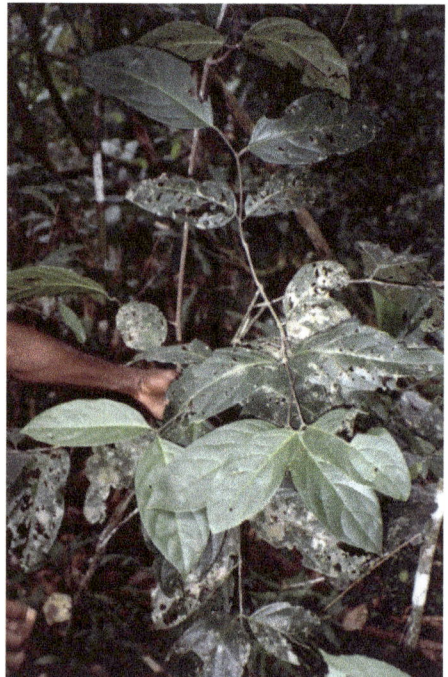

Plate 5-12: *Alucaru'ung* (*Dichapetalum* sp.)

---

9. *Dichapetalum* sp. (Dichapetalaceae).

Su alu

Smilax sp.[10]

Bilong pasim rot bilong taro

Closing the road of the taro

Su alu (Plate 5-13, 5-14) em wanpela strongpela rop mipela save yusim long pasim rot bilong taro. Mipela save kisim lip bilong en, na bungim wantaim ol narapela rop, na pasim rot bilong taro.

Smilax sp. (Plate 5-13, 5-14) is a very strong vine used in the planting that closes the road of the taro. We use it together with other vines for securing the taro in the garden.

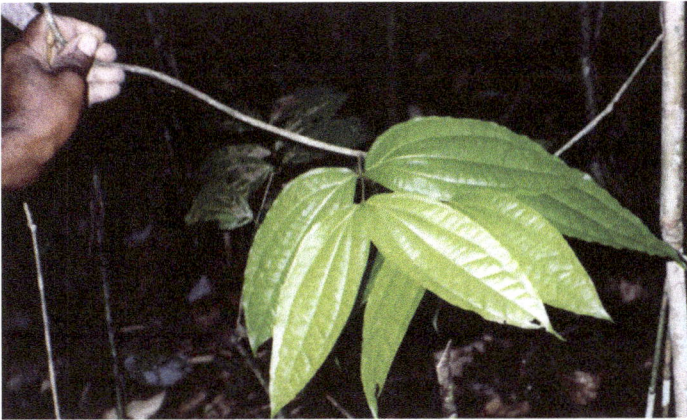

Plate 5-13: *Su alu* (*Smilax* sp.)

Plate 5-14: *Su alu* (*Smilax* sp.)

---

10. *Smilax* sp. (Smilacaceae).

Kamma

Kamapim taro

Kamma (Plate 5-15), em i 'wara bilong taro' (*pel'ya tupong*) o mipela save tok 'wail banana'. Long kastom, mipela kisim bun bilong pik na brukim namel bilong *Kamma* wantaim. Kisim wara long en na tromoi long gaden. Bai yu wokim long moning na tambuim ol man long gaden long tupela wik samting. Dispela bai mekim taro kamap hariap. Trutru dispela em i no 'wail banana', em narapela samting. Tasol yu lukim, bai yu inap ting 'em wanpela kain banana', olsem mipela save tok 'wail banana'. Em i wara bilong taro (*pel'ya tupong*), bilong mekim taro kamap gut. Bai yu pulimapim wara bilong *Kamma* wantaim wara bilong daunwara bilong ples bilong taro *Patuki*, na wasim taro wantaim, na taro bai kamap gut.

Weng

Givim gutpela smel long taro

Dispela *Weng* (Plate 5-16) em wanpela lip diwai i gat gutpela smel. Mipela planim long gaden na em bai mekim taro i gat gutpela smel bilong en.

Long ol pasin tumbuna, mipela yusim *Weng* bilong putim ofa long rop bilong wokim ren.

Heliconia papuana[11]

Growing taro

Heliconia papuana (Plate 5-15) is named 'wild banana' in Tok Pisin. It is 'the water for taro'. The *Heliconia papuana* stem is broken with the bone of a pig and the water inside the stem is poured over the newly planted taro. Do this in the morning, and taboo everyone from entering the garden for about two weeks. This makes the taro grow well and quickly. It is not a banana species really, but looks like one, so we say 'wild banana'. It is the water for the taro (*pel'ya tupong*). Take the juice from the stem and mix it with water from the pool where the taro deity first appeared and throw this over the taro in the garden. It will make the taro grow well.

Litsea sp.[12]

Making taro fragrant

This *Litsea* sp. (Plate 5-16) is a tree that has highly aromatic leaves. We plant it in the garden so as to give a good aroma to the taro.

We also use it in making sacrifices to make rain.

---

11. *Heliconia papuana* (Heliconiaceae), wail banana, wild banana.

12. *Litsea* sp. (Lauraceae).

Plate 5-15: *Kamma*
(*Heliconia papuana*)

Plate 5-16: *Weng*
(*Litsea* sp.)

Ponung

Strongim taro

Ponung em wanpela strongpela diwai (Plate 5-17) na mipela kisim lip bilong en na planim wantaim taro na em bai mekim taro strong.

Intsia bijuga[13]

Making taro strong

Intsia bijuga is a hardwood species (Plate 5-17). We bury its leaves in the eye of the garden to make the taro strong.

---

13. *Intsia bijuga* (Leguminosae), kwila, ironwood.

Wikiwiki

Givim gutpela smel long taro na pulim ol pisin

Mipela save planim *Wikiwiki* (Plate 5-18) bilong mekim ol samting long gaden smel gutpela. Olsem mipela yusim bilong pasim rot bilong taro, na taro bai smel nais. Na bilong haus pisin tu, kaikai bilong diwai mas i gat smel i go longwe, em mekim smel nais, na amamasim ol pisin long kam.

Bilong putim ofa long rop bilong wokim ren, yu ken kisim tu.

Proiphys amboinensis[14]

Making taro fragrant and attracting birds

We use *Proiphys amboinensis* (Plate 5-18) to make the garden smell good and to give a good aroma to the taro. It is also used to attract birds to a tree with a hunting hide in it. This species makes the smell of the fruits permeate a long way and attract birds.

Also *Proiphys amboinensis* can be used in sacrifices to make rain.

Plate 5-18: *Wikiwiki*
(*Proiphys amboinensis*)

Plate 5-17: *Ponung*
(*Intsia bijuga*)

---

14. *Proiphys amboinensis* (Liliaceae or Amaryllidaceae).

Sapta Sikis

Wokim ol samting bilong kamapim yam na pik

Chapter Six

Promoting growth of yams and pigs

I gat wanpela kastom bilong mipela long kamapim yam, olsem mipela bungim sampela plants na haitim i stap long graun long het bilong yam. Mipela save wokim dispela pasin kastom long taim yam i go antap pinis, na em 'wokim haus bilong en' pinis. Taim yu laik haitim, yu kolim nem bilong yam *Patuki* na putim samting i go daun.

Pik em i bikpela samting long Papua Niugini. Magistrate bilong mipela, em save tok olsem, 'Yu mas i gat pik bilong olgeta samting'. Olsem mipela save bisi tru long kamapim ol pik. Tasol long ples bilong mipela, em i hat long kamapim ol pik. I no olsem ol narapela hap we ol man save kilim planti pik olgeta taim. Long bikpela kaikai bilong man i dai o kain olsem, et o tenpela pik em inap. Long marit, foa o faivpela save inap long wokim wok na givim ol man.

Dispela hap sapta i gat ol plants mipela save yusim long mekim ol pik kamap bikpela hariap, na sampela bilong mekim ol kala kala, o kain olsem.

The ritual followed to promote yam growth includes mixing the species noted in this chapter together, hiding the mixture at the head of the yam vine once the vine is established and has 'made its house' (as we say of the foliage it creates on its vine). The mixture is placed in the earth with the growing yam plant as a spell containing the name of the yam *Patuki* is recited.

Pigs are very important in Papua New Guinea. The magistrate from this area is always reminding us that we need pigs for everything we do! So we work hard at pig husbandry. In this area, we do not have a lot of pigs like in some other places where they kill many pigs for every celebration. Usually for a large obligation and ceremony such as when an important person dies, we make do with eight or ten pigs, and for bride wealth, we usually need about four or five to fulfill all the obligations we have. It is usual to give only one live pig as part of a bride wealth.

This chapter includes plants we use to make pigs grow quickly and some we use to make their skin colour change and so on.

Tepung

Kamapim planti han long yam

Dispela *Tepung* save kamap antap long ol diwai long bus (Plate 6-1). Taim em save kamap em luk olsem em kamap namel long diwai. Tripela lip bilong en em save putim olsem han bilong en hangamap i kam daun. *Tepung*, em bilong mekim kaikai bilong yam mas i gat planti han bilong en.

Tepung aing

Kamapim longpela yam

Tepung aing (Plate 6-2) em i gat longpela lip bilong en na nogat han bilong en olsem dispela *Tepung* (Plate 6-1). Long ples, mipela laikim yam mas karim wanpela longpela yam i nogat han bilong en.

Platycerium wandae[1]

Promote lobed growth in yams

Platycerium wandae is an epiphyte found growing on trees in the bush (Plate 6-1). As the staghorn grows it looks as though it is growing out of the tree. The leaf hangs in such a way that it resembles a hand hanging down. Using *Platycerium wandae* as part of the ritual offering encourages the yam to grow tubers with lobes.

Asplenium nidus var. *nidus*[2]

Promoting growth of single tuber yams

Promotes tuber length. Another epiphyte, *Asplenium nidus* var. *nidus* (Plate 6-2), has elongated leaves without the hand-like feature of the *Platycerium wandae* (Plate 6-1). *Asplenium nidus* var. *nidus* as part of the offering is to help make the yams grow single, straight tubers.

---

1.   *Platycerium wandae* (Polypodiaceae), staghorn fern.

2.   *Asplenium nidus* var. *nidus* (Pteridophyta).

Plate 6-1: *Tepung*
(*Platycerium wandae*)

Plate 6-2: *Tepung aing*
(*Asplenium nidus* var. *nidus*)

Sanahu

Kamapim strongpela skin

Mipela save putim *Sanahu* (Plate 6-3, 6-4) long hed bilong yam bilong mekim yam i kamap wantaim strongpela skin. *Sanahu* i gat strongpela han na skin bilong en, na yu no inap brukim em isi tumas. Olsem, skin bilong yam bai kamap wankain, na bai no inap bruk, taim yu kukim long paia.

Blechnum orientalis[3]

Promote strong skin

We bury *Blechnum orientalis* (Plate 6-3, 6-4) at the head of the yam because it has a strong stem and skin. Doing so makes the skin of the tuber strong so it can be baked on the fire without breaking.

---

3.   *Blechnum orientalis* (Blechnaceae).

Plate 6-3: *Sanahu* (*Blechnum orientalis*)

Plate 6-4: *Sanahu* (*Blechnum orientalis*)

Sapo

Kamapim gris bilong yam na mekim gris bilong pik kamap

Sapo (Plate 6-5), mipela save putim long ofa bilong mekim gutpela gris kamap long yam. Mipela save yusim lip bilong *Sapo*. Blut bilong em, em i wait tru, na yumi save putim bilong ofa long mekim yam gris na wait. No inap ret nabaut.

Dispela *Sapo* mipela yusim long kamapim gris bilong yam olsem mekim gris bilong pik kamap. Bai yu putim liklik long kaikai bilong pik na pik bai kamap pat.

Tsulung

Mekim pik kamap

Lip bilong dispela diwai *Tsulung* (Plate 6-6), em save pundaun hariap, na kamap gen long han bilong diwai gen. Taim yu givim long pik, em bai lusim gras bilong en hariap, na kamap. Kolim nem bilong pik, paitim namel bilong diwai wantaim ston, na go kisim hap skin bilong *Tsulung* na putim wantaim kaikai bilong pik.

Mipela save yusim *Mandalee* (Plate 6-8) long givim long pik meri. *Mandalee* diwai i gat braunpela grile long skin bilong en. Sapos yu putim skin diwai

Alstonia scholaris[4]

Promote smooth texture in yams and fattening pigs

We use *Alstonia scholaris* (Plate 6-5) because it ensures the yam will have a smooth texture and be white. The sap of the *Alstonia scholaris* leaves is white which will make the starch of the tuber white, not red.

We also add *Alistonia scholaris* to pig's food to promote pigs to grow fat with plenty of lard.

Plant for pig's growth

Promoting pig's growth

The leaves of this unidentified tree (Plate 6-6) fall soon after appearing, and then regrow again quickly. When given to a pig, it will lose its hair quickly and grow in size. The ritual we have for feeding the pig is to call the name of the pig while hitting the tree trunk with a stone. The bark is then mixed with the pig's food.

---

4. *Alstonia scholaris* (Apocynaceae).

99

Plate 6-5: *Sapo (Alstonia scholaris)*

**Plate 6-6: *Tsulung*
(plant for pig's growth)**

Teleparting

Mekim pik kamap

Moning yet bai yu kolim nem bilong pik, na kurungutim as bilong dispela *Teleparting* diwai (Plate 6-7). Kisim hap skin diwai bilong *Teleparting* na putim long kaikai bilong dispela pik. *Teleparting* save bikpela hariap, na pik bai bihainim olsem.

Hibiscus sp.[5]

Promoting pigs' growth

The ritual followed when using this *Hibiscus* sp. (Plate 6-7) involves stepping over the roots of this tree at first light and calling out the name of the pig. The bark is given to the pig, mixed in with its food. This *Hibiscus* sp. tree grows rapidly and the pig will also grow fast when given the bark to eat.

---

5. *Hibiscus* sp. (Malvaceae).

Mandalee

Senisim kala bilong skin bilong pik

Mipela save yusim *Mandalee* (Plate 6-8) long givim long pik meri. *Mandalee* diwai i gat braunpela grile long skin bilong en. Sapos yu putim skin diwai bilong *Mandalee* long kaikai bilong pik meri taim em i gat bel, em bai senisim kala long skin bilong pikinini pik.

Actephila lindleyi[6]

Changing pig's skin colour

We feed *Actephila lindleyi* bark to pregnant sows to change the skin colour of the offspring. The bark of the *Actephila lindleyi* shrub (Plate 6-8) is scaly and brown in colour. When the bark is mixed with a sow's food, her offspring will have a different skin colour.

Plate 6-7: *Teleparting (Hibiscus* sp.)

Plate 6-8: *Mandalee* (*Actephila lindleyi*)

---

6. *Actephila lindleyi* (Euphorbiaceae).

Rongoman

Bilong daunim narapela man

Kru bilong *Rongoman* (Plate 6-9) mipela putim long kaikai bilong pik long wokim pasin kastom. Bai yu wokim long wanpela pik yu laik givim long wanpela man yu gat kros wantaim. Em bai no inap tingting long bekim dispela pik. I gat hap tok bilong en, na spirit bilong dispela diwai bai mekim man longlong long bekim. (Lukim narapela wok bilong *Rongoman* long Sapta 1, Plate 1-46).

Dracaena angustifolia[7]

For shaming your exchange partner

The *Dracaena angustifolia* (Plate 6-9, 6-10) shoot is mixed with the food of a pig that you intend to give to someone with whom you are angry. Performing this ritual will ensure the recipient will not manage to achieve a reciprocal exchange. The spell so created means the spirit of the *Dracaena angustifolia* will make the recipient thoughtless about making a return payment. (See other use of *Dracaena angustifolia* in Chapter 1, Plate 1-44, 1-45).

Plate 6-9: *Rongoman* (*Dracaena angustifolia*)

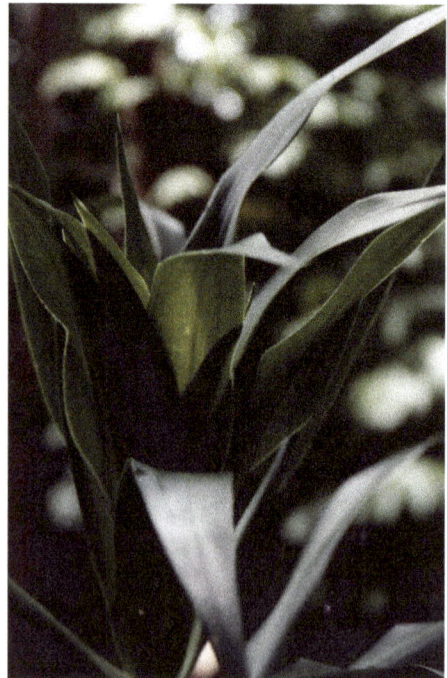

Plate 6-10: *Rongoman* (*Dracaena angustifolia*)

---

7. *Dracaena angustifolia* (Dracaenaceae).

Sapta Seven
Ol kaikai bilong tumbuna

Chapter Seven
Planting and preparation of traditional foods

Mipela save tok olsem, 'mipela stap long wanpela ples namel'. I no nambis, na i no maunten stret. Mipela stap namel long tupela, olsem mipela i gat planti samting bilong kaikai. Mipela save stap long taro, na taro gaden em i bikpela samting bilong mipela. I gat kain kain yam na banana mipela save planim wantaim taro long gaden. Tasol i gat ol kaikai long bus antap long ol samting mipela yet planim, na pastaim ol tumbuna save stap long dispela ol kaikai long taim nogut, o bilong bungim wantaim gaden kaikai. Long dispela sapta i gat ol samting ol tumbuna bin painim long bus na planim long gaden bilong kaikai. Nau i gat ol nupela kaikai olsem taro kongkong na kaukau, tasol sampela kaikai bilong bipo em i bikpela long mipela yet.

We say that we live in an in-between place. Not the coast and not the high mountains. In between these two, there are lots of things we can grow and also find in the bush. Our staple is taro, and taro gardens are very important to us. There are many other foods which we plant alongside taro in the garden. There are also foods in the bush, some which we plant and tend, and some which are wild. It was these foods which our ancestors ate in times of famine or war. We still add these to our diet of garden foods. This chapter records some of the things that our ancestors used to cultivate in gardens or collect in the forest to eat. We now have new types of food such as Chinese taro and sweet potato, but many foods recorded here are still important to us today.

Pel kapa

Taro

Pel kapa (Plate 7-1) em namba wan taro kamap long Reite graun. *Patuki*, fers man bilong dispela graun, givim ol tumbuna bilong Reite dispela taro, na mipela lukautim gut inap i kam nau. Yu mas planim long ai bilong gaden (*wating*, lukim Sapta 5).

Colocasia esculenta var. *antiquorum*[1]

Taro

Colocasia esculenta var. *antiquorum* (Plate 7-1) was the first taro discovered on Reite lands. *Patuki*, the first man of this land, gave it to the Reite ancestors. We have preserved it by looking after it well until now. Always plant the taro in the 'eye' or 'shoot' of the garden (*wating*, see Chapter 5).

Plate 7-1: *Pel kapa* (*Colocasia esculenta* var. *antiquorum*)

---

1. *Colocasia esculenta* var. *antiquorum* (Araceae), taro kanaka, taro.

Suwung

Sis: pikinini bilong diwai

Boilim kaikai bilong *Suwung* (Plate 7-2, 7-3) wantaim skin bilong en, bihain brukim na rausim ol mit. Pulapim basket wantaim mit na putim long wara long tupela de. Rausim long wara na kisim mit na mambuim long paia. Nogut yu no bihainim, i gat marasin bilong mekim yu traut.

Pangium edule[2]

Sis: seeds for roasting

Boil the *Pangium edule* (Plate 7-2, 7-3) with the husk, then break open and take out the flesh. Put the flesh in a basket and leave in the stream for two days. After removing it from the stream, cook it in bamboo containers over the fire. It has a chemical which makes you vomit if this procedure is not followed.

Plate 7-2: *Suwung (Pangium edule)*

Plate 7-3: *Suwung (Pangium edule)*

---

2. *Pangium edule* (Flacourtiaceae), sis.

Wiynu

Yam

Namba wan yam kamap long Reite ples, em *Wiynu* tasol (Plate 7-4, 7-5). Wanpela *Patuki* man bin tanim olsem yam i stap, na meri wantaim pikinini kam katim em nabaut na blut kamap. Man tanim olsem ston, na em tok: 'Yu mas kisim yam tru bilong kaikai, na noken kaikai man tru'.

Malapa

Yam

Namba wan gaden yu wokim, bai yu planim dispela *Malapa* yam (Plate 7-6, 7-7) long en, na bai yu kaikai wantaim ol nupela kaikai long wan wan yia (*masaalu*) long nambawan o nambatu mun.

Meki

Yam

Meki yam (Plate 7-8) bilong *muhurung*, olsem namba wan gaden ol meri save planim. Bilong kaikai ol nupela kaikai, ol meri save kisim dispela yam na kukim wantaim ol nupela kaikai.

Dioscorea sp.[3]

Yam

The first yam discovered in Reite is this *Dioscorea* sp. (Plate 7-4, 7-5). A mythic figure, *Patuki*, turned into a yam and his wife and children came and picked bits off him to eat and he bled. He turned to stone, and said, 'From now on you can eat my body [yams]'.

Dioscorea sp.[4]

Yam

The first garden of the year is planted with *Dioscorea* sp. yams (Plate 7-6, 7-7). They are eaten with the new harvest of beans and cucumbers in January and February.

Dioscorea sp.[5]

Yam

This *Dioscorea* sp. (Plate 7-8) yam is planted by women in the first garden of the year. It is the first yam of the season and the women are responsible for their harvest and preparation.

---

3. *Dioscorea* sp. (Discoreae), yam bilong diwai, yam.

4. *Dioscorea* sp. (Dioscoreae), yam bilong stik, yam.

5. *Dioscorea* sp. (Dioscoreae), yam.

Plate 7-4: *Winyu* (*Dioscorea* sp.)

Plate 7-5: Takarok wantaim yam *Wiynu* (*Dioscorea* sp.) yam. Takarok with mature harvested *Wiynu* (*Dioscorea* sp.) yam.

Plate 7-6: *Malapa* (*Dioscorea* sp.)

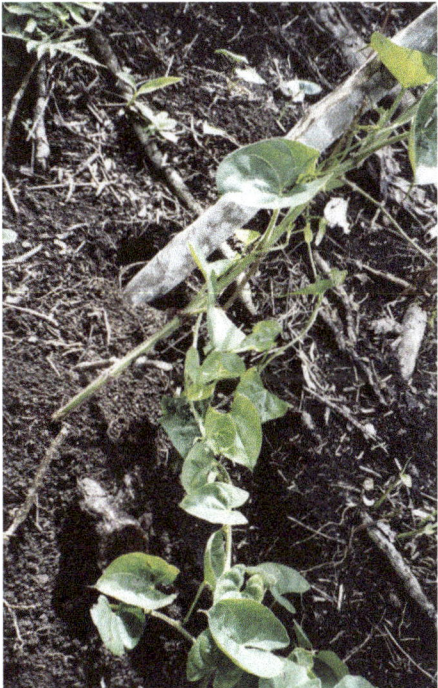

Plate 7-7: *Malapa* (*Dioscorea* sp.)

Puti

Bin bilong taro *kapa*

Puti (Plate 7-9) em bin bilong taro *kapa* stret. Taim *Patuki* givim namba wan taro long ol Reite, em givim dispela bin wantaim. Taim ol man traut, yu ken givim ol dispela bin, na em bai stopim traut bilong ol olsem long *Samat Matakaring Patuki*.

Kariking

Talis

Kariking, em stori bilong Reite. Bipo em yet save bruk na ol save kaikai, tasol wanpela man rongim, na nau ol man save hat wok long brukim na kaikai. Lip bilong *Kariking* (Plate 7-10) em olsem kalenda. Long Augus na Septemba lip bilong en save ret na pundaun (Plate 7-11). Ol tumbuna save lukim dispela na planim nupela gaden.

Psophocarpus tetragonolobus[6]

Wingbean

Psophocarpus tetragonolobus (Plate 7-9) is the bean which was given to ancestors along with taro *kapa*. Eating the wingbean stops vomiting, as it did in the taro myth *Samat Matakaring Patuki*.

Terminalia catappa[7]

Malay almond

Terminalia catappa has a myth associated with it in Reite. At one time, the nuts of this tree were easy to split open, but then a man annoyed the spirit of the tree and she covered her seeds in hard casings. The leaves of this *Terminalia catappa* tree (Plate 7-10) are like a calendar. In August and September, during the dry season, the leaves turn red and fall (Plate 7-11). Our ancestors used this as a signal to plant next year's gardens.

---

6. *Psophocarpus tetragonolobus* (Leguminosae), bin, wingbean.

7. *Terminalia catappa* (Combretaceae), talis, Malay almond.

Plate 7-8: *Meki* (*Dioscorea* sp.)

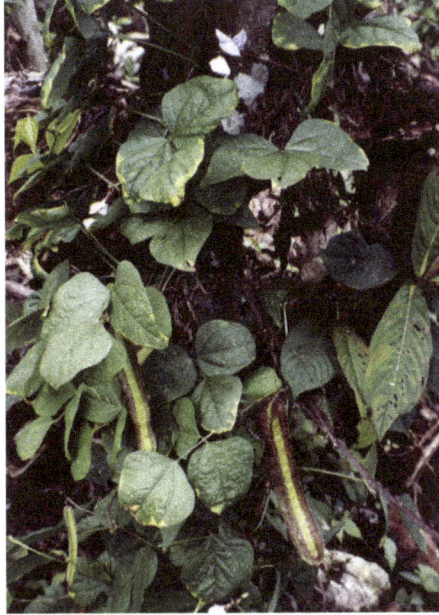

Plate 7-9: *Puti*
(*Psophocarpus tetragonolobus*)

Plate 7-10: *Kariking*
(*Terminalia catappa*)

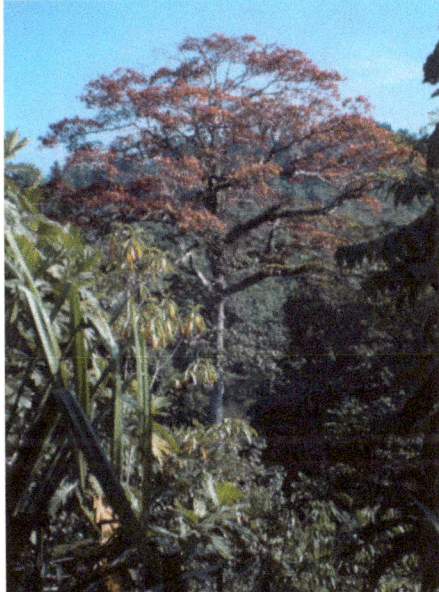

Plate 7-11: Taim lip bilong
Kariking senisim kala long Augus o
Septemba, em i taim bilong planim
nupela gaden. When *Terminalia
catappa* leaves change colour in
August or September, it signals the
time to plant new gardens.

109

Angari

Galip

Ol tumbuna save draim *Angari* (Plate 7-12) na saplang wantaim taro o yam long *tundung kondong* (see *Suarkung Sapta* 1) na kaikai.

Canarium vitiense[8]

Canarium nut

Ancestors used to dry these *Canarium vitiense* nuts (Plate 7-12) and crush them in a pestle (*tundung kondong* see *Nauclea* sp. Chapter 1) to eat them with taro and yam as a delicacy.

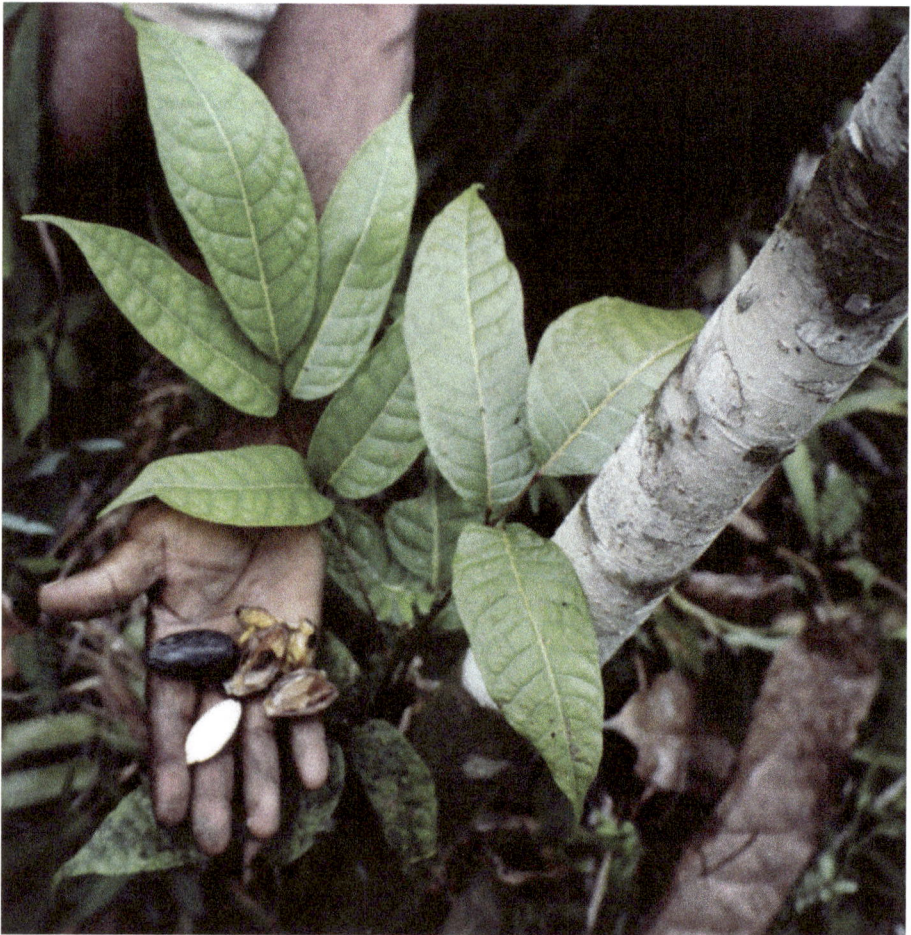

Plate 7-12: *Angari* (*Canarium vitiense*)

---

8. *Canarium vitiense* (Burseraceae), galip.

Maata

Kapiak

Taim bilong hangre, ol tumbuna save kaikai dispela *Maata* (Plate 7-13, 7-14). Mipela save kaikai pikinini bilong kapiak tasol.

Artocarpus altilis[9]

Breadfruit

In earlier times of hunger, before the new gardens were ready, ancestors ate the seeds of this *Artocarpus altilis* tree (Plate 7-13, 7-14).

Plate 7-13: *Maata* (*Artocarpus altilis*)

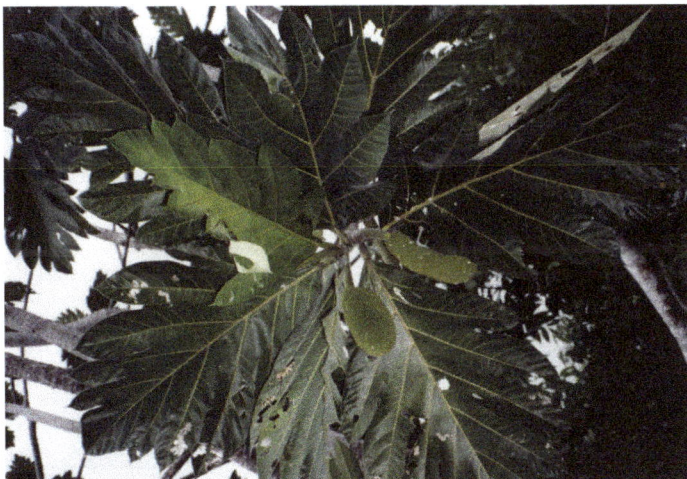

Plate 7-14: *Maata* (*Artocarpus altilis*)

---

9. *Artocarpus altilis* (Moraceae), kapiak, breadfruit.

Sombee

Kapiak

Sombee (Plate 7-15) em wankain *Maata* (Plate 7-13, 7-14), tasol bai yu kaikai mit bilong en, na pikinini bilong en wantaim.

Artocarpus communis[10]

Breadfruit

Artocarpus communis (Plate 7-15) is similar to *Artocarpus altilis* (Plate 7-13, 7-14), only with *Artocarpus communis*, the flesh can be eaten as well as the seeds.

Plate 7-15: *Sombee (Artocarpus communis)*

10. *Artocarpus communis* (Moraceae), kapiak, breadfruit.

Mo

Pikinini bilong diwai

Taim ol man hangre bipo, ol save kaikai *Mo* (Plate 7-16). Em kaikai bilong las man bilong kaikai taro (*salili*) stret. Ol save boilim pikinini bilong en, brukim, na putim long wara. Sampela de bihain, ol save boilim na saplang na kaikai.

Tekising

Wail saksak

Ol tumbuna save kaikai kru bilong *Tekising* (Plate 7-17) na ol yangpela lip bilong en. Yu ken kaikai nupela, o yu ken kukim na kaikai.

Kaapi

Mambu

Mipela save kaikai kru bilong *Kaapi* (Plate 7-18).

Terminalia megalocarpa[11]

Edible seeds

In early times, during January and February, the lean time of the year, people ate seeds of this species, tentatively identified as *Terminalia megalocarpa* (Plate 7-16). It is the food of the kin groups who ate taro in the latter part of the season; those who knew the names of the original taro deity and therefore waited until everyone else had eaten new taro before harvesting theirs (*salili*). Boil the seeds, split the husks, and soak in water for some days, then boil them again before eating.

Caryota rumphiana[12]

Wild sago

Ancestors ate the shoots of this *Caryota rumphiana* palm (Plate 7-17), and its young leaves. It can be eaten fresh or cooked.

Bambusa sp.[13]

Bamboo

We eat the new shoots of this *Bambusa* sp. (Plate 7-18).

---

11. *Terminalia megalocarpa* (Combretaceae).
12. *Caryota rumphiana* (Arecaceae), wail saksak, wild sago.
13. *Bambusa* sp. (Poaceae), mambu, bamboo.

Plate 7-16: *Mo*
(*Terminalia megalocarpa*)

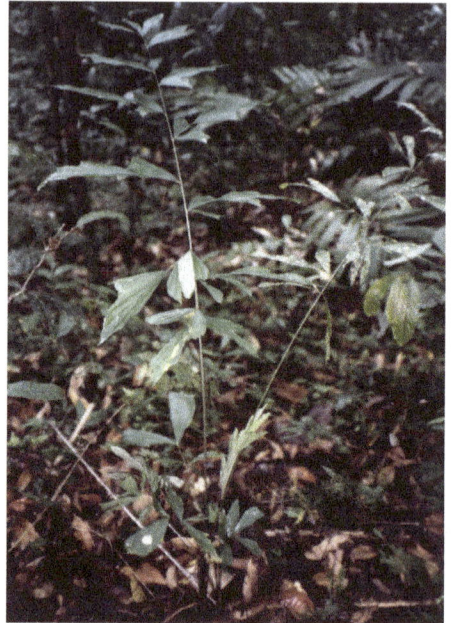

Plate 7-17: *Tekising*
(*Caryota rumphiana*)

Plate 7-18: *Kaapi* (*Bambusa* sp.)

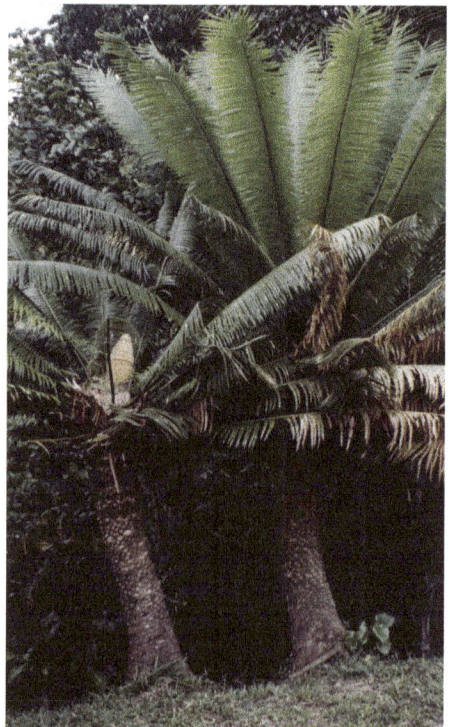

Plate 7-19: *Patorr* (*Cycas rumphii*)

Patorr

Kaikai bilong palmen

Kisim pikinini bilong *Patorr* (Plate 7-19, 7-20), rausim skin bilong en, na paitim ol inap malomalo. Draim long san, karamapim, na putim long wara. Em bai stap sampela wik. Karamapim wantaim lip, na boilim, na em bai stap strong. Saplang wantaim drai kokonas o galip (Plate 7-12) na pulimapim long mambu na kukim kaikai.

Cycas rumphii[14]

Palm food

Take the seeds of the *Cycas rumphii* (Plate 7-19, 7-20) and remove their shells, pounding the seeds until flattened. Dry them in the sun, then soak in water for a few weeks. Package the seeds in leaves and boil them until they go hard. Mash the seeds with coconut or *Canarium vitiense* (Plate 7-12) and put the mixture in a bamboo holder and cook.

Plate 7-20: *Patorr* (*Cycas rumphii*)

---

14. *Cycas rumphii* (Cycadaceae), palmen, palm.

Kaaki

Kumu gras

Kaaki (Plate 7-21, 7-22) em wanpela kumu gras, bilong kukim wantaim pik. Em bai holim gris bilong pik, na em bai swit.

Athyrium esculentum[15]

Edible fern

Athyrium esculentum (Plate 7-21, 7-22) is a fern that is cooked with pig. The pig fat adheres to the leaves and makes them tasty.

Plate 7-21: *Kaaki* (*Athyrium esculentum*)

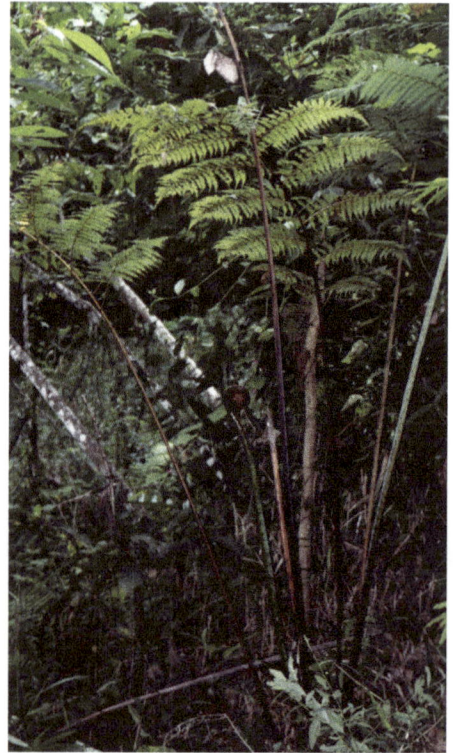

Plate 7-22: *Kaaki* (*Athyrium esculentum*)

---

15. *Athyrium esculentum* (Pteridophyta), kumu gras, fern.

Asisang

Tulip

Asisang (Plate 7-23) em kumu bilong taro *kapa*. *Pel Patuki* em givim tulip wantaim fers taro. Yu kukim taro wantaim na em bai kamap stret.

Gnetum gnemon[16]

Two leaf

Gnetum gnemon (Plate 7-23) is the vegetable cooked with taro. The taro deity gave this tree leaf with the first taro. To cook taro in the traditional manner, it must be boiled with this leaf.

Plate 7-23: *Asisang (Gnetum gnemon)*

---

16. *Gnetum gnemon* (Gnetaceae), tulip, two leaf.

Sapta Et

Wokim samting bilong mekim pisin i kamap planti

Chapter Eight

Attracting birds to hunting hides

Taim mipela wokim haus pisin (haus bilong ol man hait na sutim ol pisin) mipela save wokim sampela samting bilong mekim ol pisin kam klostu. Long dispela sapta mipela putim ol plaua mipela save yusim long dispela kain wok. Olgeta plaua i gat we bilong ol. Kisim ol liklik ston pastaim. Ol liklik ston mas i kam long ples we Wara Seng (Figure 1) save tantanim wantaim solwara long maus bilong wara, na kisim plaua bilong *Tembam* na bungim wantaim dispela ston. Kukim wantaim wara i kam long dispela ples. Kisim dispela wara, em hap hap kolwara na solwara, bungim wantaim plaua na ston, na boilim long hap sospen graun. Taim wara drai, kisim ston i go long as bilong diwai bilong haus pisin. Putim dispela ol pipia bilong *Tembam* long mambu na putim long haus pisin. Taim bilong wokim haus pisin, kisim *Nin'ae* na wasim ol ston wantaim, olsem wasim ai bilong pisin (*nungting suli*). Ol pisin mas luklukim na kamap planti. Taim ol pisin kaikai long diwai pinis, yu mas kisim ol dispela ston na putim long haus bilong yu gen.

When we make hunting hides to shoot birds, we have certain procedures to attract birds to the trees where they are located. This chapter lists the flowers used in these procedures. These flowers have to be used in the following way. Collect small stones from where the fresh water of the Seng River meets the sea (Figure 1). Bring water from there as well. Mix the *Vitex* sp. flowers together in the mixture of fresh and saline water with the stones. Boil over the fire until the water has dried. Take the bits and pieces and the stones and put the stones at the base of the tree in which you will make your hide. Put all the bits of flower in a bamboo tube and lodge this in the hide. Wash the stone with *Setaria palmifolia*, which describes washing the birds 'eyes' so they see the fruits of the tree. Once the fruits of the tree are eaten and the hide abandoned, take the stone back to your house.

Solwara bung wantaim kolwara, olsem tupela wara tantanim, na yumi wokim. Tupela wara tantanim, olsem ol pisin i mas kamap planti olsem kolwara i kam insait long solwara. Blakpela pisin, mipela kolim *Sesi*, mas kamap planti. Mipela tok, *'windik koreik gnenda iraewiung'*, olsem [pisin] bruk olsem solwara kalap long nambis. Kain kain pisin mas kirap wantaim dispela blakpela pisin.

Dispela hap we ol tupela wara bung, mipela save kolim wanpela hap tok na kolim nem bilong ol man trutru bilong bipo. Dispela nem em bilong man stret olsem mipela putim sampela nem long ol manki na dispela i stap yet. Kolim ol dispela man, na tokim ol long go na kisim ston i kam long ol dispela maus bilong wara, olsem em bilong kisim dispela blakpela pisin i kam. Mipela save kolim dispela tupela wara, na tok 'kisim ol liklik ston long dispela hap i kam', olsem tok bokis long planti pisin mas kam.

We use the mixture of fresh and sea water because we want all kinds of bird to come and mix at the fruiting tree. *Sesi* is a black bird; they come in waves like the sea breaking on the shore. These birds must mix with others and bring them to the tree.

As part of the ritual, we call the name of the place where the waters meet, and call the names of men who came before. We tell them to go and bring stones from there. This is a euphemistic way of saying they must send many birds to your hide.

Sauwa'sau/Nungting

Plaua bilong pasim pisin

Nungting, em save min, ai o kru bilong pisin. Dispela retpela plaua *Sauwa'sau* (Plate 8-1), mipela save tok, em ai bilong pisin. Bilong yumi bungim wantaim ol narapela plaua. Taim yumi putim long diwai, ol pisin bai kamap planti. *Sauwa'sau* em namba wan samting long pulim pisin. Dispela kala i stap long het bilong pisin, long kru bilong en. Dispela mekim ol pisin bai tingting long kamap na ol narapela tu bai kisim tingting long kamap long dispela diwai.

Gomphrena sp.[1]

Flower to attract birds

The red flower of the *Gomphrena* sp. (Plate 8-1) is like the red patch on the top of the *Sesi* black bird's head. It is collected together with other flowers and when we put the floral arrangement in the tree, it attracts many birds. This *Gomphrena* sp. flower is the most important flower to attract birds. *Sesi* have a crown-stripe the same colour on top of their head. This flower colour attracts the birds.

Plate 8-1: *Sauwa'sau/Nungting* (*Gomphrena* sp.)

---

1. *Gomphrena* sp. (Amaranthaceae).

Masikol

Plaua bilong pasim pisin

Plaua bilong *Masikol* (Plate 8-2) save pas long skin bilong yu. Taim pisin em i kam long diwai, bai no inap lusim. Em wankain kambang, bai pas gut long graun, na bai yu lukim rot bilong birua wokabaut (lukim Sapta 9).

Flower with burred seeds[2]

Flower to attract birds

This unidentified flower (Plate 8-2) has burrs which make its seeds stick to your skin. When the birds visit the tree, they will stay on the tree. This flower is also used for divination because it mimics the calcined lime which adheres to the earth and is easily seen (see Chapter 9).

Plate 8-2: *Masikol* (flower with burred seeds)

---

2. Unidentified species (Compositae).

Tembam

Smat samting bilong pulim pisin

Wasim sap bilong spia wantaim ol lip bilong *Tembam* (Plate 8-3) na em bai smat long kisim pisin. Bai yu kukim lip bilong *Tembam* wantaim ol ston tu na em bilong mekim haus pisin luk smat na ol pisin bai kamap. Mipela tok, *tembambakiting*, olsem mekim smat o kleva long kisim samting.

Vitex sp.[3]

Lure used to attract and hunt birds

Take leaves from this flowering *Vitex* sp. tree (Plate 8-3) and wash the spear tip in them, so when you shoot, it will be true to its target. You can also cook it with the stones, to make the birds come to the hunting hide. We say, *tembambakiting*, meaning good at catching things.

Rukruk

Sanda bilong pulim pisin

Plaua bilong *Rukruk* (Plate 8-4, 8-5) mipela yusim long smel bilong en. Ol pisin bai smelim kaikai bilong diwai na laikim moa yet. Na tu, mipela yusim long wokim sanda bilong singsing (*gneemung*).

Plectranthus amboinicus[4]

Perfume to attract birds

The flowers of *Plectranthus amboinicus* (Plate 8-4, 8-5) are used for perfume to attract birds. This flower is also used for making perfume for dancing.

---

3.   *Vitex* sp. (Lamiaceae).

4.   *Plectranthus amboinicus* (Lamiaceae).

Plate 8-3: *Tembam*
(*Vitex* sp.)

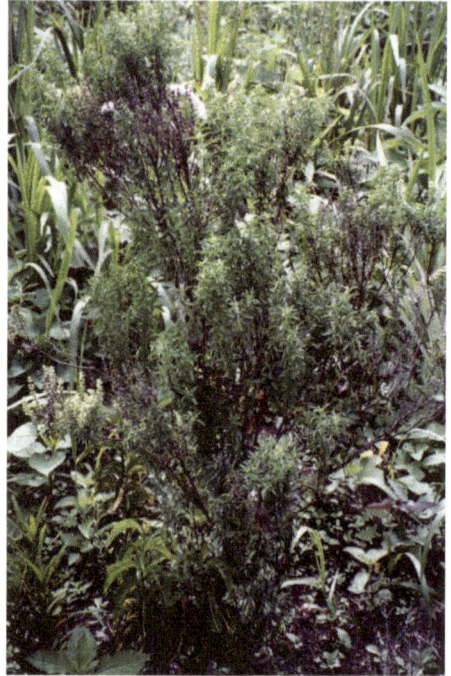

Plate 8-4: *Rukruk*
(*Plectranthus amboinicus*)

Plate 8-5: *Rukruk (Plectranthus amboinicus)*

Makung

Lip bilong sikrapim bel

Makung (Plate 8-6) bai sikrapim bel bilong pisin. Ol pisin bai pekpek hariap, na kam bek hariap. Lip bilong *Makung* i gat sikrap bilong en.

Yapel

Wail taro

Yapel (Plate 8-7, 8-8) em wail taro, wankain wok olsem *Makung* (Plate 8-6). I gat sikrap bilong en. Ol tumbuna save kaikai bipo *Patuki* givim *Pel kapa* (Plate 7-1) long mipela.

Amorphophallus campanulatus[5]

Leaf causing itch

The leaves of *Amorphophallus campanulatus* (Plate 8-6) stimulate birds' appetites. It makes the birds defecate quickly and return to the tree for more food.

Alocasia macrorrhizos[6]

Wild taro

Alocasia macrorrhizos (Plate 8-7, 8-8) is a wild taro plant that works the same as *Amorphophallus campanulatus* (Plate 8-6), causing stomach irritation. The ancestors used to eat it before there was real taro *Pel kapa* (Plate 7-1).

---

5. *Amorphophallus campanulatus* (Araceae).

6. *Alocasia macrorrhizos* (Araceae), wail taro, wild taro.

**Plate 8-6: *Makung*
(*Amorphophallus campanulatus*)**

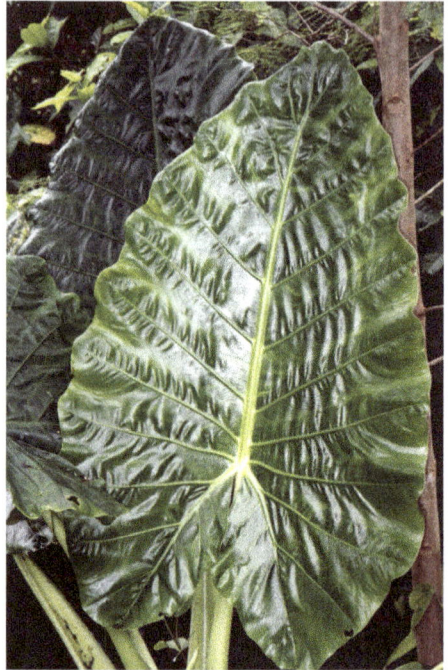

**Plate 8-7: *Yapel*
(*Alocasia macrorrhizos*)**

Plate 8-8: *Yapel* (*Alocasia macrorrhizos*)

Tawaki supong

Sanda bilong *Guma*

Mipela gat wanpela grinpela pisin, mipela save kolim, *Guma*; ol bung planti long wokabaut bilong ol. *Tawaki supong* (Plate 8-9) em gat sanda long plaua na ol grinpela pisin save laikim. Yumi kisim dispela long planti *Guma* mas laikim dispela diwai na kam long en.

Triumfeta pilosa[7]

Perfume for green lorikeets

The grass like flower of *Triumfeta pilosa* (Plate 8-9) attracts the small green lorikeet (called *Guma*) that flies in flocks. It has a smell which they like.

Plate 8-9: *Tawaki supong* (*Triumfeta pilosa*)

---

7.   *Triumfeta pilosa* (Tiliaceae).

Spaking supong

Pisin gras

Spaking supong em wanpela liklik pisin, em bai kam na lukim yu na singaut, na go. Kisim gras bilong dispela *Spaking supong* (Plate 8-10, 8-11) na wantu bai pisin kamap.

Em samting bilong kambang tu (lukim Sapta 9). Yu ken kisim dispela *Spaking supong* na bungim wantaim ol narapela lip. *Spaking supong* bai mekim kambang pundaun olsem plaua bilong dispela gras.

Centotheca lappacea[8]

Bird grass

Spaking is a small bird which calls and flies away when it sees people. Use *Centotheca lappacea* grass and the birds will immediately come to the tree with the hide.

Also used for divination using calcined lime (see Chapter 9). *Centotheca lappacea* leaves (Plate 8-10, 8-11) are mixed with other leaves. The *Centotheca lappacea* will make the lime fall freely like the flowers of this grass.

Nin'ae

Lukautim pawa

Mipela tok, *nungting sulet*, em i min olsem klinim ai bilong pisin. Mekim pisin ai op, na mekim planti kamap.

Nin'ae sang artic tanget em olsem yusim *Nin'ae* lip (Plate 8-12, 8-13) long wasim han. Olsem, bai han bilong yu no inap abrus long sutim pisin, o yu laik go pilai kas, bai yu win tasol.

Long stori bilong Tut (liklik hap bilong ol Maibang, long san i kamap), dispela gras bin bosim tewel bilong man i dai na lukautim. Dispela gras em i no bilong rausim samting, em bilong lukautim samting. Lukautim win bilong yu, o smat bilong yu.

Setaria palmifolia[9]

Preserving power

This species is for good fortune in playing cards as well as hunting birds. Wash your hands with *Setaria palmifolia* (Plate 8-12, 8-13) and you will not miss birds when you shoot them and when you play cards, you will win.

In a myth from Tut which Maibang people from the east tell, this grass looked after the spirit of the man who died and was grown again from his finger. *Setaria palmifolia* is a plant which looks after things.

---

8. *Centotheca lappacea* (Gramineae). Alternative identification: (Poaceae), pisin gras.

9. *Setaria palmifolia* (Poaceae).

Plate 8-10: *Spaking supong*
(*Centotheca lappacea*)

Plate 8-11: *Spaking supong*
(*Centotheca lappacea*)

Plate 8-12: *Nin'ae*
(*Setaria palmifolia*)

Plate 8-13: *Nin'ae*
(*Setaria palmifolia*)

129

Sapta Nain

Wokim ol samting bilong painim sik o man i dai

Chapter Nine

Divination

Planti samting i gat wok wantaim kambang bilong painim husat salim posin o sanguma bilong kilim man. Mipela tok 'kambang', em wankain kambang tasol ol man save kaikai wantaim buai na daka. Long kastom, tewel bilong man i dai inap bai kisim kambang na wokabaut wantaim. Lek bilong tewel bai lusim kambang ples klia long rot i go long ples ol salim sanguma bin kilim dispela man.

I gat ol narapela rot long painim sanguma o posin, olsem bihainim bombom, tasol long dispela sapta mipela tok long kambang na katim tanget tasol.

Most of the plants that follow are used in a process of divination that uses the white calcined lime powder (a substance usually chewed with betel nut and betel pepper) to indicate the direction from which sorcery has come. The spirit of the dead man leaves marks of calcined lime on the paths leading from the place of his death to the village that sent the sorcery that killed him.

There are several other methods of divination, such as following lighted flares, but here we only talk of calcined lime, and the use of the leaves of cordyline plants.

Araratung

Bilong kambang

Kala long baksait bilong lip *Araratung* (Plate 9-1, 9-2) em wait na em bilong mekim kambang i kamap ples klia. Yu ken planim wantaim papul taro, olsem em bai no inap senis na taro *kapa* bai stap taro *kapa* stret.

Pipturus argenteus[1]

Lime divination

The undersides of the *Pipturus argenteus* leaves (Plate 9-1, 9-2) are white, which makes the lime stand out. This tree is also planted with baby taro *kapa* tubers to keep the variety from mutating.

Plate 9-1: *Araratung (Pipturus argenteus)*

Plate 9-2: *Araratung (Pipturus argenteus)*

---

1. *Pipturus argenteus* (Urticaceae).

Patuang taring

Lek bilong dok

Patuang taring (Plate 9-3) em gras bilong kambang. Taim yu holim, pikinini bilong en bai kalap kalap nabaut. Mipela laikim kambang em mas wokim olsem.

Desmodium sp.[2]

'Dog's leg' grass

This *Desmodium* sp. (Plate 9-3) we call grass for lime powder because when you hold this grass, its seeds jump out and scatter. We make this connection with the way the grass seeds scatter because we want the lime powder to do the same.

Plate 9-3: *Patuang taring* (*Desmodium* sp.)

---

2. *Desmodium* sp. (Fabaceae).

Patuang artikering

Tel bilong dok

Dispela *Patuang artikering* (Plate 9-4, 9-5) i gat longpela plaua olsem tel bilong dok. Taim dok save wokabaut bihainim rot na tel bilong en rabim graun, mipela laikim kambang mas makim na kamap long rot.

Flower with burred seeds[3]

'Dog's tail'

This unidentified species (Plate 9-4, 9-5) has a long pendulant spike of flowers that we refer to as 'dog's tail'. We use it because just as a dog's tail drags along the ground touching things it passes, so must the spirit of the dead man touch the path with lime powder.

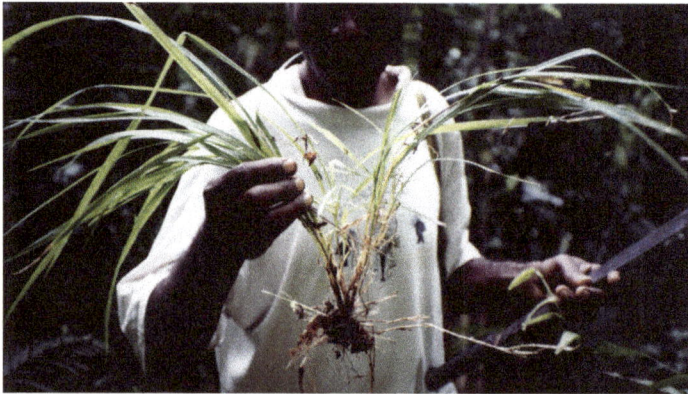

Plate 9-4: *Patuang artikering* **(flower with burred seeds)**

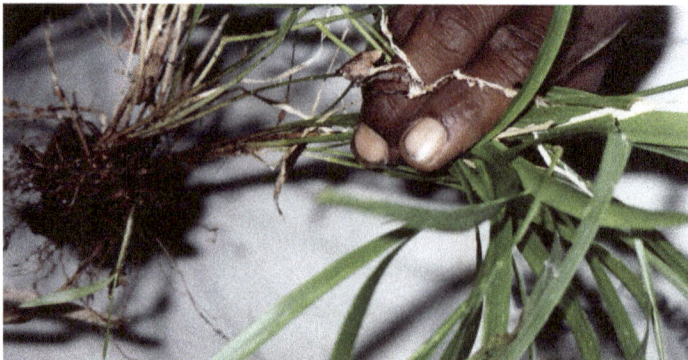

Plate 9-5: *Patuang artikering* **(flower with burred seeds)**

---

3. Unidentified species (Gramineae).

Pununung artikering

Tel bilong kapul

Pununung artikering (Plate 9-6) em gat plaua olsem tel bilong kapul. Dispela tel bilong kapul em save hangamap na pulim graun na hukim ol lip samting taim em save wokabaut long graun. Kambang bai makim dispela.

Achyranthes sp.[4]

Cuscus tail

Achyranthes sp. (Plate 9-6) flower resembles the tail of a cuscus. The tail of a cuscus hangs down and hooks onto things as it passes. The lime must follow this example.

Plate 9-6: *Pununung artikering* (*Achyranthes* sp.)

---

4. *Achyranthes* sp. (Amaranthaceae).

Kipikieperi

Kambang

Plaua bilong *Kipikieperi* (Plate 9-7) em waitpela, kambang mas ples klia. Bungim ol dispela waitpela samting wantaim gras bilong wait koki, o gras bilong waitpela kakaruk meri, na wokim kambang.

Mussaenda sp.[5]

Lime divination

The white flower of this *Mussaenda* sp. (Plate 9-7) is used to make the lime stand out. Mix the white flowers with the feathers of a white cockatoo or chicken and then proceed with the divinatory procedure called 'kambang'.

Plate 9-7: *Kipikieperi* (*Mussaenda* sp.)

---

5. *Mussaenda* sp. (Rubiaceae).

Masau

Painim tingting

Kisim lip bilong *Masau* (Plate 9-8) na raunim het bilong yu. Em bai yu yet painim tingting, i no tanget bai painim tingting. Holim lip *Masau*, na katim. Yu katim bruk stret, em mas tingting bilong yu i no stret. Em bruk long narapela hap, o hap i no bruk yu save em tok 'yes' long yu nau.

Cordyline fruticosa[6]

Divination

Take the *Cordyline fruticosa* leaf (Plate 9-8) and pass it around your head. It is you that finds the answer, not the leaf. Think of your question as you pass the leaf around your head. Hold and cut the leaf in one motion. If it breaks straight across, the thoughts you have are incorrect. If it breaks at another point than your cut, or remains unbroken, the answer to your question is 'yes'.

Plate 9-8: *Masau (Cordyline fruticosa)*

---

6. *Cordyline fruticosa* (Laxmanniaceae), tanget.

Laspela hap long buk Wan[1]

Pasin bilong skelim samting long Reite

Dispela samting mi bai stori long en, em wanpela lo o pasin bilong mipela long ples. Tasol em i karamapim olgeta hap long Raikos tu. Dispela em bai olsem, long tok piksa long diwai galip, o talis. Dispela galip em olsem bilong mi. Mi klinim kamap, na lukautim i go bikpela. Taim em karim kaikai bilong en, nambawan taim mi kisim, husat ol famili, mi bai skelim long ol. Ol bai kaikai na pilim, na nau ol bai save long galip bilong mi.

Taim bilong moni nau, sapos mi kirap na brukim galip na salim long kisim moni, sapos mi no givim long ol lain bilong mi fri, ol bai kirap na gat tok nau. Ol bai tok, gutpela galip bilong yu save givim mipela fri, nau yu kirap salim long moni, na yu no tingim mipela long mipela bai kaikai samting. Tu ol ken kirap na pait kros long mi long dispela. Em samting bilong mi, tasol ol ken pait kros long en wantaim ol famili bilong mi long narapela hap

Appendix One[1]

Our way of sharing things

What I have to say here reflects laws and customs we abide by in our village. But it is applicable to the Rai Coast populations as a whole. I start with the analogy of the nut bearing tree, the *Canarium* sp. The tree belongs to me. I weeded and tended it while it grew. When the tree bears its first nuts and I collect them and I share with my family. Eating the nuts, they taste the fruit of this tree and know it as my tree. If I were then to sell the nuts and not give any of the produce to my family, they would complain. They would say, 'That good *Canarium* sp. of yours that you used to give us to eat, now you are selling the nuts and don't think of giving us any to eat'. It is possible they would want to fight and be really angry over this. It is my tree, but they can get angry. The same with extended family in other villages. They too can complain, saying, 'In the past you gave us these nuts to eat. Now you are selling them and forgetting us'.

---

1. Toktok Porer Nombo bin givim long wanpela kibung ol i kolim 'Intellectual and Cultural Property' long Motupore Island, PNG long Desemba 2000.

    Presentation by Porer Nombo at a seminar on 'Intellectual and Cultural Property' at Motupore Island, December 2000. The seminar was organised by Dr Lawrence Kalinoe, University of Papua New Guinea, and members of the Cambridge/Brunel Universities Project: 'Property Transactions and Creations: New Economic Relations in the Pacific', funded by the UK Economic and Social Research Council, UK.

ples long Asang na Serieng. Ol bai tok 'longtaim yu wok long givim mipela, na nau yu salim na ting lus long mipela'.

Mipela save lukautim diwai long em kamap. Em galip bilong mi. Tasol kaikai bilong dispela samting, olgeta famili bilong mipela long wanem hap, ol ken kaikai fri. Yu kirap na yu tasol papa na laik kisim moni, ol ken kros na pait long yu gen. Em olsem samting bilong kaikai. Na samting bilong katim na wokim haus tu, em wankain. Sapos long bus yu lukautim wanpela mambu, na narapela brata bilong mi i no harim na mi salim narapela man long kisim, olgeta lain brata bilong mi bai gat toktok wantaim mi, na ol bai kros long mi.

Olsem, em wanpela lo bilong mipela, mipela mas sindaun na askim olgeta manmeri bilong yumi, long salim o givim samting long narapela man. Olgeta insait long famili mas harim pastaim, na mipela salim long narapela. Em strongpela lo na pasin bilong mipela. Sapos yu kirap nogut na i go long salim tasol, em bai bruk pasin kamap long famili. Bihain bai gat pasin birua tu kamap long famili, na long klen tu bai kamap. Mipela mas askim ol famili pastaim, na kisim wanem kain samting bilong mi na salim long narapela man. Samting bilong mi, tasol ol save kaikai long en tu. Na long graun, em ol save kisim na wokim haus long en o samting ol i gat laik long en, na dispela kain, samting bilong mi tasol, ol tu bai kisim hap bilong en. Olgeta famili i tok orait tasol, em bai mipela salim narapela

If I tend a tree and it grows, then it is mine. But when it comes to its fruit, all my family, from wherever, can eat for free. If you want to own it all yourself to sell the nuts, they will be angry. This applies to food and also for materials to build houses. If I tend a bamboo in the forest and then send another person to go and make use of it without telling my brothers, they will all have things to say to me and they will all be cross with me.

So this is a law of ours, we must bring together our men and women to give or sell something to another person. Everyone in the family must hear of it before we can sell to another. This is a strong law and practice of ours. If you rush into selling, dissent and separation will occur in the family and even enmity later on. We have to ask first; because although it is mine, it is something they are all used to eating. When it comes to land, they all take its products and build houses as they wish. Everyone has to agree for us to send another person to collect materials or sell them. So, you must consider well. It may be yours, but not yours alone.

It is a metaphor that I want to give you with my discussion of trees. But it goes for girls who want to be married as well. There are changes coming about now where some people around here are deciding on a price for women. For example, five thousand kina and a pig. But this is the practice for tinned fish and rice we buy in a store. Bring it home, eat the fish, and throw the tin into the forest to rust and deteriorate.

man long kisim, o salim long moni. Dispela olsem yu mas tingting gut na salim samting. Bilong yu, tasol, i no bilong yu tasol.

Em tok piksa mi wokim long ol diwai samting nabaut. Tasol i go long pikinini meri laik i go marit, em bai mi toktok long dispela. Long nupela senis nau, sampela long mipela save kirap na makim prais bilong ol meri. Ol bai tok, baim faiv tousen kina na wanpela pik. Tasol dispela em pasin bilong tinpis rais mipela baim long stua. Baim long stua kam kaikai, na tin bilong en, mipela bai tromoi long bus na ros bagarapim. Tin bilong en, bai no inap mekim samting moa. Em olsem tok piksa. Dispela makim prais bilong meri olsem tinpis rais, mipela i no laikim tru kamap long pikinini na meri. Long kastom, pikinini meri bilong mi, tasol olgeta famili bilong mi i stap we, olgeta mas kisim pe bilong en. Sapos mi kisim dispela faiv tousen kina na mi wantaim sampela man klostu kaikai, em bai sampela bilong mipela i no save long pe bilong dispela meri. Em bai mipela yet tasol kaikai, na narapela lain brata na susa na kandere bilong en long narapela ples bai ol kros yet. Ol bai tok, mipela i no save long pe bilong en. Long kastom na pasin bilong yumi long ples, yumi baim meri long dispela kastom, em bai inapim olgeta lain famili. Na mipela laik baim olsem long kastom. Makim faiv tousen kina na wanpela pik em bikpela, tasol long kastom dispela em liklik. Long kastom mipela no inap wokim wanpela sas olsem long pinisim long wanpela raun na wanpela yia. Nogat. Ol lain bilong man mas

The tin will not have any more use. I am speaking metaphorically. This way of setting a price for a bride as if she were a tin of fish, we are very strongly against this in relation to women and children. In our custom, though it is my daughter, all my family, wherever they are, must come and receive wealth for her. If I take five thousand kina and I consume this with the people who are nearby, then some of us will not know the pay for this woman. Suppose a few of us consume it, then other brothers and sisters and cousins in other places will be angry with us. They will say, 'We do not know her payment'. In our custom, when you present valuables for a wife, it must be enough to satisfy the whole family. We want to exchange according to custom. The price of five thousand kina and a pig sounds large, but in terms of custom exchange it is small. In custom, we are not allowed to nominate a single payment to finish the work at one time and in one go. Certainly not. The family of the husband must collect ancestral body decorations, wealth items, money, pigs and so forth over years and slowly make presentations for the mother and her children. By keeping at it, they will collect in excess of the amount specified when we put a price on a woman like tin fish or rice. We do not want these good ways of ours to become like buying tin fish and rice. We forbid this practice in the village. We want our way to remain strong. We buy women under our custom: no setting a price, no setting a timetable,

painim sampela tumbuna bilas, pe, moni, pik long sampela yia, na wokim samting isi bilong mama, na bilong olgeta pikinini bilong dispela mama. Em wokim i go, em bai abrusim olgeta prais mipela save makim olsem tinpis rais nau mipela save makim. Long dispela ol gutpela lo bilong mipela na kastom bilong mipela, mipela i no laikim bai go long pasin bilong baim tinpis rais. Mipela save stopim dispela kain pasin long ples. Mipela laikim dispela kastom bilong mipela mas i stap strong. Mipela laik baim meri long kastom bilong yumi. Noken makim prais, noken makim yia, em bilong larim ol wokim isi isi na ol ken wokim prais bai go ova long prais bai yu makim.

OK, em luk olsem ol tok piksa bilong mi i go pinis nau. Wanem ol dispela lo bilong mipela, em ol strongpela na gutpela, olsem mipela i no laikim ol lo bilong mipela bai pinis. Yumi save i stap long dispela kain, mipela save stap wantaim gutpela hamamas na bel isi insait long ples, na klen na famili.

Nau long dispela bung, mi save yumi bai go long tingting bilong save stret. Husat bai papa long save, husat bai inap long salim? Wanem rot bai yumi stopim ol man stilim nating, o mekim olsem samting em bilong en tasol? Olsem bai mi tokim dispela kibung long we pasin bilong mipela long dispela samting.

Long ples mipela i stap long en i gat sampela ol kastom i stap olsem lo. Nambawan em olsem ol pikinini. Pikinini em olsem bilong wanpela man, tasol ol kandere na tumbuna

we let others work slowly, and they can then give a higher price than one you could specify.

OK, my analogies are ended now. These ways and laws of ours are good for us, and we do not want to see them undermined. This is how we live, and we live with happiness and contentment in our hamlets, clans and families.

Here, we are discussing the topic of knowledge itself. Who can own knowledge, who can sell it? By what means can you prevent its theft or appropriation? So I will now turn to discussing these things.

In our area, custom has the status of law. Firstly, regarding children. Children belong to parents, but cousins, uncles and grandparents are required to make a child grow into a man, influence his development and make him look good in the eyes of others. If the father does not call on the uncles to receive wealth for [this work of] helping in the development of the child well, they will complain. They will be angry with the mother and father. You see? It looks like something belonging to one person, but uncles and cousins have the right to complain if the parents do not follow the procedure for his development to proceed correctly. The father has to undertake custom work and the uncles must come and give the boy good advice, knowledge of spirits and myths, and thus help him to grow. If they do not provide this assistance in his growth, they will not eat his pig and will not know what kind of

bilong en mas i kam na mekim i kamap olsem man. Mekim i kamap na luk gutpela long ai bilong olgeta man. Sapos papa i no wokim sampela kastom na singautim ol kandere bilong mekim dispela manki i kamap gut, em bai ol kandere gat tok yet. Ol bai kros long papamama. Yu lukim, em olsem samting bilong wanpela man, tasol ol kandere i gat rait long gat tok sapos papamama i no bihainim gut we bilong mekim em kamap gutpela man. Papa mas wokim sampela kastom na stretim ol kandere, na ol mas i kam givim sampela gutpela tok skul na mekim manki i kamap bikpela. Nogat dispela helpim long manki kamap, ol bai no inap kaikai pik bilong en, na save long em wanem kain man. Olsem ol bai gat tok long dispela. Yu wanpela man salim pikinini meri long marit, em bai olgeta no inap save long pe bilong en. Wankain long pikinini man, i stap nating, ol bai no inap save long pe bilong en.

Nambatu, em long tambaran samting. Dispela em olsem musik bilong yumi. We bilong painim em, em olsem, wanpela tumbuna mas slip na painim long driman, na em bai painim. Em olsem em painim long strong bilong en, tasol dispela samting em bilong olgeta famili ol bai hamamas wantaim na singsing wantaim na kaikai pik wantaim. Olsem em laik salim long narapela man, em bai ol famili mas harim na tok orait pastaim. Em laik salim i go long narapela man, em mas askim ol pastaim. Em wanpela lo bilong mipela i stap bipo yet na i kam nau. Long wanpela susa bilong man i go marit long narapela ples, na em

person he is. They will complain about this. If you chose alone to send your daughter in marriage, then no one will know her bride wealth. The same with boys. If they remain uninitiated, no one will know their wealth.

Secondly the spirit cult. This is our music. Spirit voices were discovered in dreams by our ancestors. That is how we discover them also. So they are found using inherent power of the dreamer but they are items which belong to the whole family and with which they celebrate, dance and sing, and eat pigs. If a dreamer wants to sell to another person, the whole family must hear and agree first. This is an ancient law of ours. When a man's sister goes in marriage to another village, he must ask his whole family before allowing her to take one of their spirit songs with her. When they all agree, then he can take it for her. If he says 'It is mine, I'm just going to send it to her', it is wrong. The whole family uses this ancestral song to celebrate in other places and it belongs to them all.

Once it has been left with a sister, she and her husband can go to festivals and eat pigs with it. So everyone must think about this and decide whether they are comfortable for these people to have the spirit song. On the other hand, when a woman from another village comes to marry with one of us and her brothers want to give her a spirit voice to bring to us, they must agree together to do so. If they want payment in return, we will ready a pig and give it to them first. Why? Well,

laik salim dispela tambaran musik i go long en, em mas askim ol lain bilong en pastaim. Ol tok oriat, nau em ken bringim bilong en i go. Na sapos em tok samting bilong mi na mi salim tasol, em bai nogat. Ol famili save hamamas raun long dispela na em samting bilong ol yet.

I go lusim bilong kandere susa, em ken bai go raun na kaikai pik long en, na singsing dispela tambaran. Olsem ol mas tingim dispela pastaim, na ol bai tok orait o nogat. Narapela em olsem, wanpela meri bilong narapela ples i kam marit long mipela, na ol brata bilong en laik lusim wanpela singsing tambaran wantaim mipela, ol mas toktok pastaim. Ol laik mipela baim, mipela bai redim pik na givim ol pastaim. Bilong wanem, mipela bai kisim raun singsing na kaikai pik long en. Pe bilong tambaran olgeta famili bilong husat kamapim, ol bai kaikai dispela pe.

Hap bilong dispela tasol em olsem. Husat susa marit long hia na ol lain bilong en kam lusim wanpela tambaran wantaim papa o tumbuna bilong mipela, em bai olgeta tumbuna bilong dispela papa o tumbuna mas pasim tok pastaim, na lusim long narapela man. I no wanpela lain tasol bai wokim.

Nambatri, mipela save planim yam na taro wantaim sampela pawa o stori bilong ples. Bilong mekim mas karim hariap, na karim bikpela kaikai bilong en. Dispela kain save em bilong wan wan klen tasol wanpela man noken kirap givim long husat kandere o brata. Olgeta famili pasim

we will take this spirit voice with us when we go to feast and dance and sing in other places. The whole family of the person who dreamed the voice into being will receive and consume this payment.

There is also another aspect to this. Think of a woman who married here and who brought a spirit voice with her to give to our fathers or grandparents. All the grandchildren of these people must agree before any one of them takes it to give to another village. It cannot just be the brothers of a woman who leaves in marriage that decides.

Thirdly the planting of our taro and yam gardens using power and knowledge of the place. Practicing this knowledge makes the plants grow fast and provide abundant food. This kind of knowledge is specific to each clan, but a single man cannot give it to another brother or nephew. If the whole family agrees and all are content, they may give this knowledge to a nephew. It can not be one small group only who decides.

When you give this power to a nephew or grandchild, he will be wealthy with food. So everyone must think and discuss what kind of payment they will be happy with in return. If you cook meat for everyone to eat they will be happy to give it to you. If you give it to him for nothing, [your kin] will ask you if the boy will come and give you food every morning, noon and evening, or not. You must think of such things before you give power to him.

tok wantaim, na ol wanbel, ol ken givim long husat kandere bilong en. Narapela man em bai nogat tru.

Taim em givim long kandere o tumbuna, em bai kamap bik man long kaikai. Olsem ol mas tingting na tok long em baim pawa o wanem long tingting bilong ol. Baim na em bai kisim. Kukim abus bilong ol man kaikai na hamamas long givim yu. Yu givim ol nating, ol bai askim yu long em bai kam helpim yu long kaikai olgeta moning, apinun, belo, o nogat? Yu mas tingim dispela bipo long yu givim dispela pawa long en.

Nambafoa, em bai long sait bilong mak o kaving. Long save bilong wanpela man, em kamapim wanem mak bilong karim i go singsing long narapela ples, o long bilasim haus samting. Dispela narapela ples kam lukim, ol no inap kam kisim long laik bilong ol. Sapos ol kisim nating, em bai gat bung bilong en na sas bilong en. Ol ken kukim pik na putim sampela pe wantaim. Husat susa o kandere i go marit na lusim pik long ol lain bilong en, man mas sindaun wantaim olgeta lain klen na famili, na olgeta mas tok i orait pastaim. Em bai ol painim wanem samting ol bai bekim pik bilong en wantaim. Em nau, ol ken tok, orait mipela lusim bilong dispela susa o kandere stret. Na em tu bai no inap kirap grisim i go long narapela man. Nogat tru. Na i no long laik bilong man kamapim dispela mak stret bai wokim tingting na i go givim long husat. Em tu em bilong ol singsing hamamas raun, na kaikai pik. Olsem noken wanpela man papa long en.

Fourthly, our designs and carvings. It is from the knowledge that one man has that he makes the designs that he carries to ceremonies in other places, or decorates his cult house. People from other places come and view them but cannot take them to make themselves. If they do, they will be called to a meeting, and charged in pigs and wealth. When a sister or cousin is married, she will give her kin a pig. If she wants to take a design with her, she must sit down with her family and all must agree. When they receive her pig, they must find things to give in return. If they all have agreed, then they can give a design to her directly at this point. But as with spirit voices, she may not them pass it on again without consultation. No way. These things too are for celebrating and making a name in other villages and feasting there. One person cannot be owner of them.

Significantly, all these things bring fame. People make a name for a place through the designs they own. They contribute to the reputation of the place and the family. It is a valuable thing of theirs, so all must agree before giving to others. A man may discover or bring one of these items into being, but it is not his solely. It is something that belongs to them all. If you pass them on behind people's backs, there will be anger and fighting over this as you will have broken custom law and done something of your own volition.

It is like this. Now people say God made them [laws, customs], but we say *Patuki* made them and if you do

Bikpela samting, dispela olgeta samting em bilong apim nem. Mak bilong wanpela ples, em bai apim nem bilong dispela ples. Long apim gutnem bilong ol, na nem bilong famili. Gutpela samting bilong ol, ol mas olgeta pasim tok na go lusim bilong narapela. Man em kamapim, tasol i no bilong em tasol. Dispela ol kain samting em bilong olgeta lain bilong en ken i go na kisim pik na hamamas long en. Em samting bilong olgeta. Yu laik hait long narapela famili, bai gat kros pait long en, na yu brukim dispela kastom na lo bilong mipela, na yu wokim samting long laik bilong yu.

Dispela em olsem, mipela save tok long en, nau ol save tok God i wokim, tasol mipela save tok *Patuki* i wokim, na yu laik wokim samting long laik bilong yu, bai gat kros pait kamap long en. Yu mas bihainim we bilong en, na bai yu i stap gut na wokim samting gut.

Mipela no laik ol dispela lo na kastom bilong mipela bai lus. Pasin tumbuna bilong bihainim na skelim samting em gutpela. Dispela em bilong mekim bel isi na gutpela tingting. Mipela i no laik sampela nupela pasin i kam insait long mipela. Nupela lo o nupela tingting bai kam na bagarapim sindaun bilong mipela.

Olsem ol kain lain olsem James na wanlain bilong en, i kam sapotim o strongim dispela tingting, mi hamamas tru. Dispela ol lain i stap bilong tok aut long pasin bilong mipela na strongim tok bilong kastom samting, mipela hamamas long ol mas i kam. Long mekim klia tok ol

things differently, in ways you have decided on yourself, there will be negative consequences. People must follow the right way of doing things, then they will live well and make good things.

We do not want to see these laws and customs disappear. Following the ancestral way of sharing things is good. It makes for peace and contentment, and we do not want new ways to displace them. New laws and ways of thinking will ruin our life here.

For this reason, I am happy that James and his kind come and support and strengthen such understandings. They are there to explain and speak up for our ways, and this is good. We want to explain our custom and show the good practices it has, and for others to hear about them and to say, 'yes, there is value in this knowledge' and so we cannot take the laws relating to money, or the law of the white men too quickly so that it ruins the lives of people with these good ways of being.

kastom na soim gutpela we bilong en, mipela laikim, na yupela ol narapela man ken harim na tok, 'Yes, em i gat gutpela we na save bilong en na mipela no ken kisim lo bilong moni, o lo bilong waitman i kam insait kwik na bagarapim sindaun bilong ol man i gat kain gutpela tingting olsem'.

Laspela hap long buk Tu
Husat papa bilong save long ol plants?

Appendix Two
Indigenous knowledge and the value of plants

Long dispela laspela hap bilong buk, James em wokim sampela toktok o stori long olsem wanem ol man inap long tok ol i olsem papa bilong save long ol plants. James em save liklik long ol lo ol save kolim intellectual property lo, na em tok olsem dispela ol lo i no inap long ol man bai stopim ol narapela man long yusim save i gat long buk. Em i no nogut, em gutpela, bilong wanem, save em gutpela samting bilong helpim ol man, na pasim i no gutpela tumas. Sampela hevi save kamap taim ol man laik pasim save bilong ol long dispela ol lo, olsem James em tok aut olsem ol man husat bin kamapim dispela ol lo, ol i no klia tumus long kain save ol man bilong ples save holim, na wanem samting em i strongpela o gutpela insait long dispela save.

Raikos em i wanpela hap we i gat planti ol kain kain tri, sayor na gras. Ol Inglis save tok, kain ples i gat bikpela 'biodiversity', em min olsem asa bilong ol animal na plant (Sekhran and Miller 1994). Bihain long 1992 Rio Earth Summit long Brazil, planti manmeri long graun kisim bikpela

What follows in Appendix 2 is a short essay on the ownership of indigenous knowledge written by James in response to some of the issues that publishing a book such as this one has generated. In it, James seeks to show why intellectual property laws, and the understandings of ownership that these laws are built upon, are inadequate for the kinds of understanding that get called 'knowledge' contained in this publication. He suggests that it might be necessary to think again about what is meant by the term 'indigenous knowledge' in the light of this.

The Rai Coast, to which this book refers, has been defined as an area containing rich biodiversity (Sekhran and Miller 1994). The protection of such areas became a topic of great interest around the turn of the millennium, particularly following the 1992 Convention on Biodiversity agreed at the Rio Earth Summit in Brazil that year. The Convention on Biodiversity drew attention to the need

interes long lukautim kain ples bilong ol tumbuna bihain. Dispela kibung long Brazil, em wokim senis kamap olsem we lukaut bilong kain ples i stap long han bilong gavman bilong ol kantri i gat dispela kain biodiversity. Long dispela 'Laspela hap long buk', mi laik autim na skelim sampela tingting long olsem wanem ol man save biodiversity em bikpela samting, na toktok liklik long ol rot o pasin bilong kamap papa bilong save long plants. Tu, mi bai stori liklik long olsem wanem lo bilong bosim ol tingting na kamap papa long save, em inap karamapim plants na save long plants, na tu olsem wanem ol manmeri long Reite save tok long dispela. Porer em i stori pinis long ol rot o pasin bilong stap papa long ol samting long Reite long 'Laspela hap long buk 1'.

Dispela buk bin kamap long wanpela longpela wok liklik. Mi bin statim wantaim Porer long 1994. Taim mi bin stap wantaim ol Reite, mi bin traim wanpela rot bilong kisim save long kastom bilong ol. Taim mi stap long universiti, mi bin winim skul long social anthropology, olsem kisim save long sindaun bilong ol manmeri long ples bilong ol, tasol dispela em i no bin givim mi sampela save bilong plants long sait bilong saiens. Tasol, long taim mi bin stap wantaim ol Reite, mi bin raun long bus wantaim ol na kisim piksa na stori bilong ol plants ol save yusim. Mi bin gat bikpela interes long save moa long olsem wanem ol plants save helpim ol sikman, long save na tingting ol Reite i holim bilong ol samting long bus, na long sait bilong tambaran. Long Reite, save long bus

for conservation in such areas. It placed the responsibility for conserving and utilising biodiversity in the hands of each nation state. The impetus to utilisation might seem contradictory to that of conservation. However, many people have suggested that the sustainable use of forest resources might aid in conservation efforts. In the Convention on Biodiversity there exists explicit recognition of the value of biodiverse regions. Following these developments, many commentators have pointed to the value of indigenous knowledge of the environment. In some cases, it has been proposed that indigenous people ought to be compensated for any use of this knowledge, as a form of income generation that does not demand direct exploitation of forest resources. During the years in which this book has been prepared, some progress has been made towards these goals, while at the same time some unrealistic expectations have emerged in Papua New Guinea around such possibilities.

As final appendix, we thought it might be worth considering some implications of publishing a book about 'indigenous knowledge' of plants in the light of such goals and expectations about the possible exploitation of such knowledge by outsiders and its possible protection under the system of laws known as 'intellectual property' law. What follows here is an anthropologically informed discussion of aspects of Euro-American notions of knowledge, and its value. To illustrate the issues, I point to some differences between the

em i draipela samting long gutpela sindaun na laip long ples. Dispela rot long kisim save na wokim wok bilong mi em bin kapamim gutpela save. Ol man bin luksave wanem kain wok mi laik mekim, na ol yet hamamas olsem mi bai mekim kain buk long telimautim olsem dispela save bilong ol long Reite. Bihain long dispela wokbung long 1994, mi bin wokim tripela kopi bilong fers raun long buk, na mi bin givim tupela long ol man Reite long kisim tingting bilong ol pastaim. Taim mi bin stap wantaim ol long 2000, mi bin kisim sampela moa piksa long ol sampela narapela plants, na long 2004, mi bin stretim olgeta save stap insait long buk wantaim ol manmeri long Reite. Long dispela rot tasol, dispela buk bin kamap.

Olsem, wok mipela bin wokim em kamapim wanpela buk i gat planti ol piksa na stori bilong ol plants long Reite insait long en. Tasol mi stat long tingting planti nau. Bilong wanem mi kisim dispela hevi? Wari bilong mi olsem. Bai mi wokim wanem wantaim dispela buk? Bai mi trai bekim dispela askim nau. Long wanpela sait, em i klia na mi no gat wari. Mi bin givim buk bilong ol save samting bilong ol Reite long ol lain husat bin wokbung wantaim mi. Ol lain long Reite bin tok olsem, ol hamamas stret long lukim samting long buk. Longtaim ol bin save olsem wok bilong mi em bilong raitim ol kain samting, bilong ol lain husat bai kam bihain (Leach 2003). Dispela buk em i kaikai bilong ol wokbung bilong mipela.

assumptions about value underlying such laws and Nekgini speaking people's ways of articulating the value of plants. In the first appendix my co-author Porer outlined Nekgini perspectives on the ownership of knowledge.

Knowledge, publication, and intellectual property law

This book has had a long gestation. During my first long term field research with Nekgini speaking people in 1995, it began as a home-spun heuristic device. I was not trained as a botanist, nor was my research focused on ethnobotanical knowledge, yet I did record information on the uses and history of use of certain plant species. My intention was to gain an insight into perceptions of the environment that would prove useful in my anthropological research. I walked through the forest with Porer and other friends in Reite, photographing plants and, either at the time, or later, writing verbatim what people had to say about them. It was a useful exercise because the endeavour was by nature dynamic and elicited information without constant direction on my part. My understanding of Nekgini speaking people's world as a whole advanced rapidly. Discussions in the context of the work around plants also made clearer the purpose of my research to people in the village, who were enthusiastic about the production of this record.

Tasol narapela tingting, em i hat liklik long putim ol dispela save long ai bilong olgeta manmeri long graun. Sampela man bai tok em i gat nogut bilong en. Bai mi traim na soim insait bilong tok long dispela wari na tok klia long ol tingting mipela bin kisim long sait bilong lukautim i stap ol save bilong ol Reite. Mipela save olsem i gat ol lo na pasin bilong kamap papa bilong save. Dispela lo long tok Inlgis, ol kolim 'intellectual property' lo. Long dispela lo, sapos yu laik kamap papa long wanpela hap save, o putim long ples klia wanpela piksa o buk samting, ol tok dispela samting i mas gat yus olsem ol narapela man inap save long dispela yus na em i min olsem wanem. Mi bai stori long dispela.

Ol lo bilong Papua Nugini em i gat tupela as. Wanpela, em i lo bilong Inglan na narapela em lo em bilong ol kastom bilong wan wan ples long PNG (Strathern 2004). Long Konstitusen bilong Papua Nugini, tupela lo stap bung na mekim lo bilong kantri. Lo bilong Inglan (na planti ol narapela kantri tu save bihainim dispela lo) tok olsem, yu inap long kamap papa long wanpela save yu yet bin kamapim, tasol dispela save mas kamap long graun insait long wanpela buk, masin, marasin, o piksa. I no inap long kamap papa long wanpela tingting o save i stap tingting nating. Wanpela lo, ol kolim 'kopirait' (copyright), em bilong ol buk, pepa na piksa. Kopirait em save stopim ol man long kisim nating samting yu wokim. Em save min olsem, dispela lo em i no bilong stopim ol man long yusim tingting

But all action has consequences, and my heuristic device produced not only good conversations, exciting walks of discovery, and a growing understanding of 'kastom', but also the material to produce a volume of photographs and information about the plants we found. In one sense, it has been very easy to know what to do with this product of our collaborative work. My presence in their village has always been understood by people there as a chance to have important and valuable things written down for the future. As agreed at the outset, I have returned copies of two different unpublished versions of this book to the people who participated. It is because of various interpretations of this process that people in the village of Reite have been so welcoming of me (see Leach 2003). Books like this photographic account of particular people's knowledge of plants are a tangible outcome of our collaboration.

There is another sense, however, in which it has not been so easy to know what to 'do' with this material. There are issues surrounding the publication and dissemination of 'ethnobotanical' and 'indigenous knowledge' which have given me pause for concern. It is worth outlining these, and our negotiations around them in the village, as a part of the documentation that this work provides. These issues are to do with how knowledge (such as that represented in this book) is valued, how it is owned, and how it might (possibly) be 'protected' from exploitation or appropriation. Having considered all these aspects

o save insait long buk, em bilong stopim ol man wokim wanpela buk em wankain stret tasol long buk yumi wokim. Mitupela Porer inap long stopim ol man long wokim narapela buk o pepa wantaim ol piksa bilong mipela o wankain toktok. Tasol save bilong yus bilong plants insait long dispela buk, em i fri long ol narapela man yusim dispela save na tingting, no gat rot long 'intellectual property' lo long stopim dispela yus.

I gat narapela lo ol kolim 'moral rights'. Dispela lo em tok olsem, ol narapela man ol i noken bagarapim buk o tok bilong mipela, senisim ol piksa o toktok long mekim pani long mipela na bagarapim gutnem bilong mipela. Olsem 'intellectual property' lo, dispela moral rights lo em i wankain: i no bilong stopim ol man yusim tingting na save insait long buk.

Taim dispela buk em kamap long ol manmeri, olsem mipela telimautim wantain ANU E Press, ol dispela save em i stap insait long buk, em kamap long ol manmeri nau. Dispela save na infomesen i stap long olgeta man inap ridim, kisim na yusim nau. Sapos ol Reite gat save long wanpela plant we em inap long daunim wanpela bikpela sik. Sapos wanpela kampani masta husat save mekim ol marasin kisim dispela save long buk bilong mipela, na ol wokim wanpela nupela marasin long dispela save. Long dispela 'intellectual property' lo, mipela no gat rot long kotim ol long dispela. Antap long dispela, sapos dispela kampani wok long painim wanem

carefully, Porer and I have decided to go ahead and publish the book. So that the reader understands some of our reasoning, and the context in which we made the decision, I will begin with a discussion of western intellectual property law, and the thinking which lies behind it before considering how Nekgini speakers think about the value of plants.

Papua New Guinea's laws are based upon a combination of English Common Law, Statute law, and Customary Law drawn from particular cases in the country (Kalinoe and Leach 2004: 1). The current legislation governing intellectual property law in PNG is congruent with other countries' intellectual property law. These laws make provision for the protection of knowledge 'only when that knowledge is presented in a material form'. The law of copyright and the law of moral right for authors make provision only for the protection of the 'form' of presentation of knowledge, not of the knowledge itself. Patents are another branch of intellectual property law. Patents share with copyright the premise that what is being protected is a material expression of an idea, not the idea in the abstract. This means that an author has copyright over the book they publish, not over the ideas in that book. A patent holder has a patent on a machine, process or combination, not on an idea. So under such law, one cannot copyright an idea, only the material expression of an idea nor patent it without a new, useful application. What this means practically is that as authors of this

samting stret insait long en em save daunim sik, ol inap long kamap papa long dispela marasin long wanpela lo ol kolim 'patent' long Tok Inglis.

Long patent, olsem wankain long kopirait, yu no inap papa long tingting tasol. Yu mas wokim wanpela samting, na dispela samting em mas soim yus bilong tingting. Sapos dispela kampani husat wokim marasin laik kisim patent long nupela marasin ol wokim, ol mas soim olsem dispela hap marasin ol kisim long plant i save stretim sik bilong man. Taim ol soim olsem, ol ken askim gavman long patent long en. Dispela patent bai stopim ol narapela man long wokim wankain marasin long narapela taim. Lo em karamapim samting em yet, i no tingting long het. Sapos yu laik kisim patent long gavman, yu mas kisim wanpela nupela tingting, na soim olsem yu bin wok long kamapim nupela masin, marasin, o we bilong wokim samting, na dispela samting em i gat yus bilong en.

Lo em save go het long lukautim sait bilong wanem samting ol manmeri save kamap long en (olsem piksa, buk, masin, marasin). Dispela pasin insait long 'intellectual property' lo em mekim hat long yusim bilong lukautim save bilong plants mipela telimautim long hia. Dispela buk yu wok long ridim, em wankain tasol, na mitupela Porer bin wok hat long kamapim. Mipela i gat 'raits' long en; ol kolim kopirait. Dispela samting em minim olsem mipela papa bilong buk yet. Tasol mipela i no papa long ol tingting i stap insait long buk.

book on the uses of plants, Porer and I have copyright in the text and photographs. The pages of the book should not be copied and the actual 'form of words' used to transmit the knowledge about plants to others is not to be replicated without permission or reference to the original. This is copyright. We also have 'moral rights' over the text which prevents the defacement of the work; that is, they prevent the deliberate destruction or modification of the form of our words that may be offensive, or mocking, or otherwise damaging to the reputation of the authors. This is 'moral right'. We have not sought, nor could likely obtain, patent protection for this expression.

On publication, the actual 'information' relayed by the text or photograph enters what is called the 'public domain'. Having entered the public domain, the information is at that time available for others to use. As long as no one defaces our work, or copies it exactly without permission, they can do what they like with the information.

Now, thinking about botanical knowledge and its possible exploitation, this means that any pharmaceutical company could use the information in this book to guide their research without reference to the authors, or indeed, to Nekgini speaking people who discovered and developed these uses of plants. Copyright does not stop them from doing this. In fact, the idea that information enters the public domain while copyright law

Lo bilong 'intellectual property' em kamap long wanpela kain kastom bilong ol waitman. Insait long dispela kastom, bai yu save long strong na yus bilong wanpela samting long skelim wantaim narapela samting. Tok piksa olsem: samting long stua ol skelim yus na strong bilong en long pe. Sapos pe em bikpela, em nau yu save em i gat planti yus o strong bilong en (Gregory 1982). Olsem ol save skelim strong wantaim narapela samting. Ol save insait long buk bilong mipela, tok klia yus bilong plants na dispela em i no kain samting yu inap skelim long dispela kain rot. Olsem, mipela no gat tok sapos ol narapela man kisim na yusim em.

Dispela samting i stap long ples klia, yus na strong bilong ol save bilong plants long Raikos em i no stap insait long ol piksa na stori long buk. Kopirait i no karamapim interes ol Nekgini i gat long plants, na i no karamapim interes bilong ol kampani. Nau, bai mi tok long samting long olsem wanem dispela tupela sait long save long strong na yus bilong plants em i arakain, na wanem kain kaikai dispela tupela samting kamapim taim ol laik kamap papa long save long yus na strong bilong plants.

Long tok piksa mi wokim bipo, ol manmeri long Nekgini save wanem taim na long wanem rot wanpela plant bai stretim sik. Ol i no inap papa long dispela save long telimautim long buk. Olsem mi stori pinis, kopirait karamapim piksa na toktok, save no gat, na sapos ol laik kisim patent long dispela save, ol mas soim olsem

ensures the authors are recognised for their expressive work is a common justification for the copyright system. It is argued by those who argue in favour that in this system, knowledge circulates, increasing the possibilities for development and progress while authors are rewarded for their work.

If that pharmaceutical company performs experiments on the plant and isolates a compound that could have a therapeutic (and therefore a marketable) value, they are then able to claim exclusive rights to the use of that compound by applying for a patent on the use of the compound for medical purposes.

Patents share with copyright the premise that what is being protected is a material expression of an idea, an application of an idea, not mere discoveries or facts of nature. This is perhaps a difficult but important distinction to understand. When applying for a patent, the applicant must demonstrate the use and effect of an idea by making something which has an effect. So it is in isolating a particular compound, one that can be demonstrated to have certain effects on human health, that the pharmaceutical company can be recognised as gaining a right over the knowledge of its manufacture and use. In the hypothetical case I am outlining here, the patent would be granted over the use of the substance that was isolated from the plant, and would give exclusive rights to the use of that compound for medical purposes to that company. Again, this

ol wokim nupela samting, na ol truim yus bilong en long sait bilong saiens. Wanpela man husat em save gut long saiens bilong ol plants, em inap long soim wanem kain marasin insait long plants em i gat kaikai long stretim ol sikman. Long sait bilong patent, yus na strong bilong plant em i stap long marasin insait na we em i inap long rausim dispela marasin long wanpela wok long saiens, ol man inap kisim patent.

Sampela taim, ol saiens bai no inap long painim kain strong bilong ol plants ol Nekgini save stap long en. Long kain taim, mipela save tok: 'ah, yus bilong dispela plant em i wanpela samting long kastom tasol'. Kain olsem mipela tok, 'i no yus tru, inap bai yu save long en long saiens, em mas samting long kastom o tok bilong ol tumbuna tasol. Em samting bilong kalsa, em i no save wok trutru'. Taim yumi tok olsem, yumi bungim save Nekgini i gat long plants wantaim kastom na no gat ol save samting long saiens wantaim dispela. Em min olsem, we ol Nekgini skelim strong bilong dispela save em arakain long we saiens na 'intellectual property' lo em skelim strong bilong save. Bilong ol waitman, ol marasin na biodiversity i gat wanpela kain strong; dispela strong yu inap save long rot bilong saiens. Taim yu wokim olsem, yu inap kamap papa long save. Long kastom o kalsa, ol waitman i no bisi long strong na yus bilong en. Em i samting bilong bilas o hamamas na em i no save wokim wok trutru. Tasol, mi bai tok olsem, long tingting bilong ol Nekgini, kastom em i wanpela strongpela samting, na ol save insait

protects the form that the knowledge takes (an isolated chemical compound and the process of its manufacture) rather than knowledge itself. Patent law demands that the applicant for a patent demonstrates that they have achieved two criteria: first, 'novelty' (or what is called 'inventive step', - that a new thing has been made), and second, 'utility', (that there is a proven use for the invention).

This emphasis in law on the form that knowledge takes (be that published words and photographs, or a newly isolated compound or process) undermines the applicability of these laws to recognising indigenous knowledge of plants such as that documented here. It might even call into question whether we are correct to apply the term 'knowledge' to these very different kinds of thing. Calling it knowledge has the effect of making it into something that can be thought about and understood through the categories of intellectual property law. And that may not be appropriate for all the kinds of thing that get labelled 'knowledge' because it misunderstands what those things are, and what value they have to the people who operate with them.

Now the book you are reading, being a material form is recognised as an object by the law. As authors we have rights over 'this object', and hold copyright in its pages. What intellectual property law protects is our relationship to the object we have produced.

long kastom i save wokim planti wok. Mipela mas lukluk gut long arakain tingting olsem sapos yumi laik go long 'intellectual property' lo, o sapos yumi laik klia long wanem kain samting ol Nekgini laik lukautim na papa long en.

Nau bai mi stori long wanpela plant long buk, nem bilong en *Asarsing* (Sapta 5, Plate 5-4). Taim yu askim ol Nekgini long wanem as yu save yusim *Asarsing*, ol save bekim wantaim wanpela stori (*Patuki*) bilong kastom bilong ol. Dispela stori em i no givim sampela save long wanem marasin stap long en. Long dispela as, ol bai no inap long kisim 'intellectual property' raits long en. Em luk olsem, ol laikim dispela plant insait long kalsa bilong ol tasol. Em i wok trutru o nogat? Ol Reite ol i no bisi long kain askim. Mipela lukluk hia long tupela rot long save long strong na yus bilong samting. Dispela tupela rot i no kamap long wanpela hap. Wanpela rot em i go long wanpela kain strong, na narapela i go long narapela kain. Nau mi bai stori long dispela.

Asarsing: Olsem wanem pikinini save kamap

Taim bebi kamap long ol mamapapa long ol lain Nekgini, em save stap tasol insait long haus wantaim mama bilong en. Ol save tok ol noken lusim haus na raun, inap ol kandere kam na rausim ol. Mama na papa wantaim save tambu long planti samting. Mama em mas dringim hatpela sup bilong kawawar na kaikai kaukau, taro *kapa* (lukim *Pel kapa* long Sapta

Western laws of property are based on one set of cultural assumptions about where value is generated. The predominant means of valuation in this system is of one object against another object: commodities against other commodities, with money as the medium of transaction. These relationships define a system in which things have value in relation to other things. The idea-content of our book then, an understanding of the uses of plants, is not defined as an object by the law. It cannot be valued against other objects, and so in law, we cannot be compensated for a 'loss' if others appropriate those ideas or understandings. But of course, the real value of the knowledge Rai Coast people have about plants is not as a series of images and words in our book.

What is protected under intellectual property law about this book then is neither what a pharmaceutical company, nor Nekgini speaking people actually value about plants. I now examine how these two ways of understanding and expressing value differ from one another, and some of the consequences of these differences for claims to own knowledge about the use and effect of these plants.

Returning to the example outlined, Nekgini speakers know of the healing properties of a plant, and make use of the plant. However they can neither own the knowledge by publishing it in this book, nor claim a patent in that knowledge without demonstrating that they have 'invented' something

7) na sampela kumu tasol. Taim ol i stap long tambu (*kundeing*), pikinini na mamapapa inap kisim kain kain bagarap long ol hevipela kaikai. Taim skin bilong pikinini kamap strong liklik (*sowirenikin*), bihain long tupela wik samting, ol singautim ol kandere long kam.

Papa em kisim wanpela plet diwai, na wokim bet bilong bebi wantaim *Asarsing* na putim bilas bilong ol tumbuna na moni antap long bebi. Papa em wokim nupela dua long baksait long haus, na subim plet diwai ausait long han bilong ol kandere. Ol i kisim bebi na go long wara na wasim em (*nek sulet*) na kisim ol tumbuna bilas long plet. Bihain ol kandere wokim ol giaman gaden na haus pisin. Ol kandere meri kamautim gras long bus na brumim ples na kain olsem. Ol hamamas long dispela giaman ol wokim, tasol ol tok, em bilong bebi bai save long kain wok em mas wokim taim em i bikpela.

Taim mi bin wok wantaim Porer long dispela buk, mi askim em, 'Bilong wanem yupela save putim *Asarsing* long plet diwai'? Long dispela buk, mi rikodim bekim bilong en. Em tok olsem:

> Mipela save yusim dispela smel purpur, mipela kolim *Asarsing*, long mekim gaden kol. Smel bilong en mekim na san mas kol. Em i no inap hatim ol taro tumas, gaden bai no inap hat tumas. Tru taim

new, and proved its effect scientifically. A chemist may well be able to demonstrate the scientific basis for the use of the plant for certain purposes as described in this book. There may be value in healing the sick. In other words the value of the plant is seen to lie in its chemical composition, in compounds it contains which can be isolated through particular technical processes of a scientific nature.

But it is also possible that in some examples in this book, perhaps there are no immediate scientific explanations for the use Nekgini speakers make of them. And thus we are led to say that the 'value' of these plants to Nekgini people is a 'cultural' or 'traditional' value. That is not the sort of value that can be protected under intellectual property law.

My argument here is that the emphasis in law on the thing produced, that is on the form that knowledge takes, be that published words and photographs, or a newly isolated chemical compound, is a move that undermines the applicability of such legislation to the recognition of 'indigenous knowledge'. I have previously suggested that calling the kinds of understanding and practices in this book 'knowledge' may misconstrue the thing. The understanding of the properties of plants is not an object.

My suggestion is that for Nekgini speakers, value lies in the process[1] whereby a desired outcome is

---

1. Not the same meaning as 'process' in patent law, as the next sentences outline.

yu wok, bai yu tuhat, tasol ol kru bilong samting bai no inap bagarap.

Olsem long bihainim pasin tumbuna, mipela yusim *Asarsing* long wasim ol nupela bebi. Taim yu wokim dispela pasin, olsem mipela kolim wasim pikinini (*nek sulet*), bai yu putim *Asarsing* long plet na putim bebi antap long dispela bet purpur. Bihain mipela subim plet i go ausait long haus long han bilong ol kandere na ol bai wasim pikinini.

Tu, mipela save yusim long haus pisin na smel bilong en bai mekim ol pisin kamap long diwai. Narapela yus long en, em bilong putim ofa long bun bilong ol tumbuna o long rop diwai bilong wokim ren. Smel bai kisim rop o diwai, na ples bai kol na ren bai kam.

Mi bin askim em moa yet. 'Em nau, tasol watpo *Asarsing*? *Asarsing* em save wokim wanem long pikinini'? Long painim bekim long askim bilong mi, Porer bin kisim mi i go long lapun tambu bilong en, Winedum. Winedum wantu em go na bekim askim bilong mi olsem.

Tupela poroman: *Yerin nimbasa*

Tupela poroman save stap wantaim long haus kanaka longwe long het bilong Wara Yakai, na painim abus.

achieved. That process typically mixes social, cultural and chemical aspects. The focus is neither the knowledge-as-object in its own right, nor on the outcome of the implementation of knowledge as if that were isolated from the social context of its implementation.

To illustrate this argument I turn now to discussion of a specific plant recorded in this book: *Asarsing, Euodia hortensis* in Chapter 5, Plate 5-4. Explanation of the use of this plant involves a myth and a series of ceremonial rites. The properties of the plant are not specified or isolated as objects, making any claim under intellectual property law difficult. In short, they have a 'cultural' explanation for the value of the plant, and while we also value culture, intellectual property law does not make property out of culture in the same way as it makes property out of technical knowledge.

Asarsing, Euodia hortensis: How babies grow

When a child is born to Nekgini speaking parents, the baby is immediately secluded, along with the mother, in the marital house. People in Reite hamlets emphasise that the subsequent restrictions on movement, and involvement of the mother's kin in ending this seclusion, are especially important for first born children. Parents of the child observe strict restrictions on food they consume. The

Wanpela meri Sorang bin bihainim dispela wara na kamap long haus bilong tupela man. Em stretim haus bilong tupela na kukim kaikai em bin karim i kam long bilum bilong en. Meri luk save long tupela bet na em stretim tupela plet kaikai.

Taim tupela man kamap long haus, ol lukim smok i go antap. Wanpela man em salim dok bilong en long luk save husat i stap insait long haus kanaka. Em i tok olsem, "Em wanem kain man i stap? Yu go na luk save pastaim. Sapos em wanpela man i stap, kisim hap mal bilong en na sapos meri i stap, kisim hap purpur bilong en". Dok em i go na kam bek wantaim hap purpur. Dispela man tokim poroman bilong en, "Yu hait i stap na bai mi go insait long haus". Poroman, em hait i stap insait long Asarsing klostu long dua. Taim man em go long haus meri em i tok, "Olsem wanem i gat tupela bet long haus, narapela man we?" Man em bekim olsem, "Nogat, sampela taim mi save slip long dispela bet na narapela taim bai mi slip long hap". Em tokim meri olsem, "Mi laikim bai yu putim tupela plet kaikai olgeta taim, sampela taim bai mi givim dok na sampela taim bai mi kaikai bihain". Taim meri givim em kaikai, em save kaikai wanpela na lusim wanpela. Long nait,

mother eats only sweet potato, often boiled with ginger to make a 'hot' soup. She may also eat the original variety of taro tuber revealed in myth (see *Pel kapa, Colocasia esculenta* var. *antiquorum,* Chapter 7), and certain leafy green vegetables. The state of both parents and child is described as vulnerable and they are referred to as *kundieng,* that is, avoiding foods thought to cause 'heaviness', and sickness. When the baby's skin has 'become strong' (*sowiraenikin*), a process which is thought to take about two weeks, the mother's kin are called to the house.

At this time, the father places the child on a large wooden plate (see *Suarkung, Nauclea* sp. Chapter 1) on a bed made of the aromatic herb, *Asarsing.* The child is then covered with valuable items such as dog's teeth, bark cloth, money and store-bought cloth. The father breaks a hole in the woven bamboo wall at the rear of the house and passes the plate containing the child out through this opening into the waiting hands of the mother's brother. He and his close kinsmen take the child to water for the first time, and wash the child. This is called *nek sulet,* and the wealth items, including the plate itself, pass to the mother's brother in return for performing this ceremony.

Having washed the child, a game begins in which the maternal kin vie with one another to enact an absurd parody of adult life. Shrubs and saplings are cut, and wild taro plants are set out as if in a garden. If the

em save kisim plet kaikai na givim long poroman bilong en. Meri em tingting nau, tasol em i stap isi. I go i go, na meri em kisim bel. Taim bebi kamap pinis, man tokim meri bilong en, "Taim mitupela go long gaden, slipim bebi long bilum tasol". Em wokim olsem na man kisim meri raun long bus wantaim em. Poroman bilong man em kam insait long haus kanaka nau. Em kam, na singsing long bebi na noisim em liklik. Taim mamapapa laik kam bek long haus, papa bilong pikinini save paitim kil bilong diwai wantaim tamiok, na man long haus harim nois na em save hait gen long *Asarsing*. Pikinini em kamap hariap tru. Olsem, moning em i stap bebi na long apinun em stanap pinis long dua.

Meri em save nau, olsem narapela man mas i stap. Em laik trik nau. Neks de, meri em i pasim liklik hap purpur tasol taim em i go long gaden. Papa bilong bebi askim em, 'olsem wanem yu pasim liklik hap tasol na stap olsem as nating'? Meri em bekim, "Nogat samting, yu tasol bai lukim mi". Taim tupela laik kamap klostu long diwai kil, meri em lusim hap purpur, na em ranawe i go bek long haus. Man em hariap ron long diwai na paitim kil, tasol meri kamap long haus pinis. Man long haus, em harim tamiok paitim

child is male, men climb tiny trees and make rough hides in them for hunting birds. Women weed areas of forest and pretend to sweep clean leaf litter from the forest floor. All this is done with much hilarity, but with the serious purpose of showing the child what he or she will need to know in later life.

While we were working on this book, I asked Porer: "Why this herb? Why do you use *Asarsing* to lay the baby on when it is passed to the mother's brother? What does *Asarsing* do for the child?" In an effort to make these things clear for me, Porer took me to see his elderly father-in-law, Winedum, in Sarangama hamlet, who answered in the following way:

Yerin nimbasa: Two friends

There were once two friends who lived together in the bush hunting game, oh, away at the head of the Yakai River up there. A woman from Sorang was following the course of the river, and she came upon the house of the two men. She cleaned and swept out the house, then cooked food she had brought in her net bag. She saw that there were two places to sleep, and so she set out two plates of food.

When the men came back from hunting, they saw smoke rising from their house. One said to his hunting dog, "You run in and see what sort of person is there. If it is a man, bring a bit of his bark loin-

kil na hariap lusim haus, na em bamim nus bilong en long mambu blin. Planti blut em ran long nus bilong en na em pundaun olgeta na klostu em i dai. Meri lukim man na em save nau, em wokim wanpela rong. Em askim, "Olsem wanem yu stap hait?" Papa em kamap na krosim meri na bihain ol lusim kros.

Mipela yusim dispela pasin bilong hait na giamanim pikinini, tasol mipela yusim hap tok bilong dispela man long wasim ol pikinini na ol save kamap hariap.

Mi bin harim dispela bekim bilong bikman Winedum, na mi longlong liklik nau. Mi bin askim em, "Olsem wanem yupela yusim *Asarsing*? Olsem wanem *Asarsing* save kamapim ol manki?" Tasol, bekim bilong en em i no stretim tingting bilong mi long olsem wanem *Asarsing* save wok long kamapim manki. Mi bin tingim dispela askim bilong mi em min olsem, wanem samting insait dispela plant save wokim pikinini kamap hariap. Em bekim mi wantaim arakain tingting long stori tumbuna. Olsem wanem mitupela longlong olsem? Mi bin askim kain askim ol man husat save long kain tingting bilong intelectual property lo bai askim. Wanem marasin stret i stap save wokim dispela? Mi bin bilip olsem sampela marasin mekim *Asarsing* wanpela strongpela samting long ol Nekgini save yusim. Mipela inap tok, ol Reite i gat wankain save long ol man saiens. Ol i no save long

cloth (*maal*), and if a woman, a bit of her string skirt (*purpur Naie*)". The dog went in and came back with a bit of red string from a woman's skirt. One told the other, "You wait, and I'll go in". The one left behind hid in a large bush of *Asarsing*. His friend went ahead, and the woman asked, "Hey, there are two beds here, where is the other one of you?" The man replied, "No, sometimes I like to sleep here, and sometimes over there".

Then he told her, "I want you to put out two plates of food every day. Sometimes I can give the other to the dog, sometimes I will have it myself later on". So when the woman gave him food, he would eat one and put one aside. At night he used to take the food outside for his friend. The woman puzzled over this, but they lived like this. Time passed, and the woman was pregnant, soon to give birth. The man said, "When we need to go to the garden, we can just hang the baby in its string bag". Duly the man took her off into the forest to garden, leaving the baby in the house. When this happened, the other man would come out from his hiding place near the *Asarsing* bush. He would come into the house, and rock the baby, singing softly over him. When the mother and man

Tok Inglis o toktok bilong saiens, tasol save bilong ol em wankain save bilong mipela. Tasol bekim bilong Winedum em narapela kain olgeta. Long bekim bilong Winedum, *Asarsing* em gat strong bilong ol narapela kain wok na save. Sapos yu laik save long strong bilong *Asarsing* em yet, yu mas save long stori, olsem long hap tok bilong tumbuna long we bilong yusim. Rausim ol kastom samting bilong *Asarsing*, em bai no gat strong long kamapim pikinini. Em i orait, tasol olsem wanem bai yumi mekim klia tok *Asarsing* long ol narapela man husat no gat save long kastom bilong ol Reite? Ol marasin bilong waitman, ol yet save ting, bai wok olgeta taim, na no gat ol dispela kain stori, hap tok, o wanem wantaim bilong mekim em wok.

Ol dispela askim em gat draipela as, i no liklik samting. *Asarsing* bai wok long mekim pikinini kamap bikpela hariap, o nogat? Wanem hap bilong marasin em wok, na wanem hap mekim em wok long sait bilong stori o bilip? Mi stori pinis. Long dispela toktok, ol man bai skelim husat i gat rait long kamap papa bilong save.

Ol Reite save tok, em wanpela kastom wok bilong kandere em save kamapim pikinini. Sapos ol tok olsem, em tewel bilong *Asarsing* save kamapim pikinini, dispela bai lusim strong bilong *Asarsing* long sait bilong kastom, stori na bilip. Sapos ol save gut long marasin insait long *Asarsing*, tasol ol toktok olsem, em kastom na hap tok save wokim wok na mipela gat wari yet. Dispela em tupela we

came back from the forest, the man would strike the buttress root of a large tree with his axe while still some distance from the house. The man inside the house would hear the thud and slip away to his hiding place. As they did this, the child grew incredibly quickly. From being a tiny baby in his string bag in the morning, he was standing holding the door post in the afternoon when they returned.

Now the woman knew another man must be around. She played a trick now. She half fastened only a tiny bit of string skirt to go to the garden the next day. The man asked, "How come you are only wearing a bit of skirt?" But she said, "It will do, it's only you who will see me". When they came close, but had not yet reached the buttress root, the woman let her skirt slip altogether, and saying, "Oh, it's fallen down", turned and ran quickly back to the house. The man ran on, and struck the buttress root. Inside, the other man heard, and was just trying to jump out through the door, when, shocked at being seen, he caught his nose and cut it badly on the sharp bamboo over the door. He fainted, and when the woman saw him she said, "Eh, I've done something wrong here". But she asked him, "Why

bilong save long yus na strong bilong wanpela plant. Olsem wanem bai yumi tanim tok, i kam long Reite we na i go long we bilong ol waitman na 'intellectual property'?

Ol man saiens bai save hariap long strong bilong *Asarsing*. Ol bai rausim dispela *Asarsing* ol Reite save yusim long kastom, na karim i go long ples bilong ol long luk save wanem ol marasin i stap insait long en. Dispela em wanpela kain tanim tok, mipela inap tok olsem. Em i save go olsem: ol man long ples save yusim dispela plant long stretim wanpela sik. Ol man saiens inap save wanem marasin insait long dispela *Asarsing* save wok long bodi bilong man. Mipela save dispela marasin save wok olsem, na nau mipela painim pinis long dispela plant, mipela save olsem wanem ol save yusim. Dispela i klia.

Tasol, long kain tanim tok, ol man saiens i no interes long stori kastom bilong ol Reite. Ol save rausim plants long bus bilong ol man husat save yusim long kastom na kalsa, tasol ol holim antap save long strong bilong marasin samting ol painim long saiens. Bilong wanem ol waitman save tingim olsem stori o kastom em i no inap long senisim wanem samting i stap insait long ol plants. Sapos ol painim marasin stret, em i olrait. Sapos no gat, ol stori bai no inap kamapim dispela marasin.

Ol i no gat interes long tanim tok o tanim save, ol mas luk save long marasin tasol. Ol Reite save yusim *Asarsing* long wasim ol nupela bebi na wokim bet bilong ol manki wantaim.

didn't you live out in the open?" The other man came back, and spoke crossly to the woman, then they dropped the matter.

This way of hiding and 'giamanim' (tricking/looking after/growing) babies does not happen now. But we sing the name of this man when we wash babies for the first time, so that they will grow quickly.

This kind of interaction was a common experience during my anthropological fieldwork. I thought my question was practical and technical. 'What property does this plant have that makes babies grow?' Winedum gave a complex answer, and perhaps one he understood also as 'technical', but in a different sense. My question was the kind of question someone who has grown up in a context that gives rise to intellectual property law would ask. My question was about *Asarsing* as something in its own right, with certain chemical attributes. I assumed that it is these chemical attributes that make it 'valuable' to Reite people. But the explanation I was given was not of that kind at all. It placed the plant in a narrative, and as part of a complex of myth, rituals, and kinship. It is this 'position' that means it has the effect of making babies grow for Nekgini speaking people. I was asking 'Do you know if there is something instrumental about *Asarsing*? What is it that makes the baby grow? Do Nekgini speakers have 'knowledge' of *Asarsing*'s properties'?

Ol tok ol save wokim olsem long wanem as? Long pasin tumbuna, sampela ol masalai bin kamapim pikinini hariap. Wanpela bilong ol save stap hait long *Asarsing*. Long ol Reite, dispela as tingting em inap. Ol save kisim pawa bilong tumbuna long helpim ol manki, na *Asarsing* na hap tok em i as bilong dispela. Ol Reite i no klia long wanem as mi askim ol narapela samting long *Asarsing*. Ol tokim mi pinis bilong wanem *Asarsing* em wok olsem. Tasol long tingting bilong mi, bekim ol givim mi, i no inap long mi bai bilip *Asarsing* save kamapim pikinini hariap. Long mipela ol waitman, em luk olsem stori tasol, na sapos *Asarsing* em i wok long kamapim pikinini, ol i no save long wanem as tru em save mekim olsem. Ol i gat stori bilong tumbuna tasol.

Mi bin tingim em gat narapela as tu. Olsem, long sait bilong marasin insait long plant, *Asarsing* mas gat sampela marasin o strongpela smel na sik save ranawe long en. Sapos mipela laik yusim *Asarsing*, inap long mipela kisim dispela marasin stret, na lusim ol stori nabaut. Ol Reite givim mipela tingting long yusim long kamapim pikinini, tasol ol i no save trutru long wanem as long sait bilong saiens *Asarsing* save wok.

Mi tok piksa tasol, na mi yet, mi no inap wokim kain wok long painim marasin insait long *Asarsing*. Em tok piksa. Tasol em wanpela tok piksa i gat planti ol narapela man bai bihainim na wokim. Ol man husat stap longwe long ol Reite, olsem ol lain husat wokim saiens, ol i no interes long stori

These are not innocent questions because it is exactly these kinds of distinctions (scientific and practical as opposed to traditional and mythical) that are the basis for various kinds of claims people make over plants and their uses. Even if the myth is a metaphorical rendering of knowledge about the properties of *Asarsing*, the fact people tell it in this way presents us with a problem because of our categories. We have an issue of how one translates the value of one kind of understanding into terms that make sense in another, without losing the specificity of the former. What grows the child? It turns out that it is a ritual process involving a mother's brother that achieves the growth of the child, and this begins with a public moment of emergence, in which *Asarsing* plays a key role. That role is to link the moment of emergence with the power of another to grow the child. Is it sensible to think of such an understanding as 'knowledge' in the sense implied by intellectual property law, that is, as something which could be translated into a technical process or object? I suggest not.

Scientists most commonly realise the value of plants used by indigenous peoples by collecting specimens and determining their chemical composition. This process is a type of translation: 'indigenous people use the bark of this plant to cure malaria: we can see why they choose to do so, if we know what is actually in the plant.' No problem here.

bilong *Asarsing*. Ol interes long plant em yet. I gat sampela kaikai bilong dispela kain tingting. Na dispela em hap bilong makim husat bai inap long kamap papa bilong dispela save. Bai mi soim insait bilong dispela tok sampela moa.

Sapos mi laik save long marasin insait long *Asarsing*. Bai mi wok hat long wanpela opis bilong saiens na kamapim dispela marasin em yet stap insait long *Asarsing*. Taim mi wokim olsem, *Asarsing* em senis olgeta. I no *Asarsing* nau, em i wanpela marasin mi yet wokim. Mi yet bai inap tok mi papa bilong dispela marasin nau. Ol man bilong ples inap papa long ol stori bilong ol, ol i no inap papa long wok bilong ol man saiens. Dispela tok piksa mi wokim, em i save kamap trutru planti. Planti taim save bilong ol man long ples save stap aninit long save bilong ol man long saiens. Long kain rot bilong tingting mi tokim pinis long en, planti save bilong kastom o tumbuna stori o wanem, i no interes long ol man husat laik wokim nupela marasin o kain olsem. Planti ol man bin rait long dispela politik. Sampela save kolim 'bio-piracy'. Sampela ol man bin wok long painim rot bilong mekim stret olsem wanem ol man bilong ples inap papa long save ol i gat long plants (lukim Possey na Dutfield 1996).

Mi laik askim, olsem wanem bai yumi kamapim wanpela rot inap long olgeta man, saiens, Reite, na ol narapela inap save long strong bilong ol stori olsem ol stori em hap bilong yus na strong bilong ol plants. Inap long mipela

But, this is a kind of translation in which what indigenous people 'say' about plants is not relevant after the initial identification. In other words, this is a 'sample collecting' approach; emotively dubbed 'bioprospecting'. Plants are removed from their cultural context and given value in another milieu. Cultural context has nothing to do with the objectively observable and scientifically testable properties of a plant.

This then is not so much translation as reformulation. The plants that indigenous people value are redescribed in other, more powerful terms; those of science. Let me spell out what I have in mind. Reite people use *Asarsing* to wash new born babies. They also use the plant as bedding for young children. The reason they give for doing so is couched in terms of a mythic narrative in which powerful characters magically caused a baby to grow to adolescence in a few days. This explanation for the use of *Asarsing* in washing babies is enough for people in Reite. The connection between the power of a named mythic ancestor and any individual child was made through the plant. The association of child, power, others to grow them (mothers' brothers) explains the reason *Asarsing* is used. But it sounds like superstition when viewed from a scientific perspective; at best 'traditional knowledge' in the sense of knowledge that people do not know the origin of, or indeed, the reason for.

painim wanepla rot bilong mekim wankain save bilong Reite, na save bilong ol saiens?

Mipela save pinis ol man long ples ol i gat planti save long painim ol kain kain plants. Ol winim ol man saiens long kain wok long ples na bus bilong ol. Em i isi long save long plants taim yu lukim ol i gat plaua o pikinini. Planti taim ol man saiens laik bungim ol plants na ol bai kisim ol man long ples long helpim ol. Sampela taim, we bilong save long plant em i wanem kain, em i stap long ol stori tumbuna bilong ol. Ol man saiens inap kisim save sapos ol save long ol stori bilong ol man, na bihain, bai save wanem samting bai makim wanpela kain plant.

Olsem, stori bilong *Asarsing*, em luk olsem em i stori nating. Em luk olsem, ol man mas 'bilip' long *Asarsing*, na em bai kamap olsem wanpela kastom bilong ol. Tasol mi laik tok olsem, dispela kain tok em i no gutpela long save long we ol man long ples save long plants. Em mekim em isi long rausim plant, wokim wok ausait, na kamap papa long en.

Olrait, mitupela Porer save long olgeta dispela samting. Long wanem as mipela bin go het na telimautim dispela buk? Mipela save no gat rot long 'intellectual property' lo long lukautim save insait long buk. Olsem wanem bai ol Reite askim ol narapela husat kirap long yusim *Asarsing*? Mi tok pinis. Ol no gat rot long 'intellectual property' lo. Yu ting

In order to 'prove' the worth of the plant itself, science would seek another kind of explanation, a more obviously mechanical one. Perhaps *Asarsing* has a chemical make up which protects children from disease for example? As Euro-Americans, to value this plant we would want to know its properties, isolate the chemicals and concentrate them. The fact that Rai Coast people use *Asarsing* in the way they do provides us with a clue as to how to analyse it, and what to look for in it. But 'their' explanation for its value, for why they use it appears metaphorical at best.

The situation described is a common one. That is, people interested in the knowledge indigenous people have about plants are usually not interested in the cultural and mythic elaboration of that knowledge, but in scientifically verifiable reasons for their use. There is a process of abstraction here, where the 'knowledge' is isolated from its context. This is highly significant, because the kind of reformulation and abstraction I describe trails ownership in its wake. The work to isolate compounds or properties involves the input of scientific work, the labour of trained people, and an infrastructure for testing. By the time a plant like *Asarsing* comes to have a value scientists can understand and be confident in, it will be something completely different: performing few of the same tasks it does in Reite. This work of abstraction justifies ownership under property law, so while indigenous people may own their myths, in most cases they do

wanem, mipela wokim gut, o nogut, taim mipela mekim dispela save i go long ol manmeri?

Mi laik wokim tupela toktok long dispela, na pinis olsem. Namba wan, mipela i no laik wokim samting we mipela bai kamap papa long save bilong planti man. Sapos mipela i gat rot long 'intellectual property' long kamap papa long dispela save, em bai min olsem ol narapela man no inap yusim. Tasol dispela i no as long wokim dispela buk. Mitupela bin save olsem wok long wokim kain buk em bai opim sampela nupela rot bilong mitupela. Long Porer, em wokim bilong ol tumbuna bihain. Long mi yet, mi laik helpim ol Reite kamapim nem bilong ol, na long helpim ol bung wantaim ol narapela man i gat wankain interes long kain save, na kain pasin ol i gat. Long telimautim long buk, mipela laik soim ol man olsem ol Reite i gat kain kain save na strong. Narapela, mipela laik kamapim interes long olsem wanem ol man PNG save yusim plants. Sapos ol narapela yet bai wokim kain buk olsem rekord bilong save bilong plants long PNG bai kamap bikpela.

Nambatu, mipela i no bisi wantaim 'intellectual property'. Longtaim mipela save pinis olsem 'intellectual property' em i rabis long helpim ol man long ples lukautim save bilong ol. Em i kam long narapela kastom, na em save wok long dispela kastom. Em save bagarapim kastom bilong ol man bilong ples.

Long narapela hap, mi wantaim ol narapela manmeri bin wok hat long not own the outcome of scientific analysis of the plants they use. Chemical formulas belong to those who discover their uses. Hence the 'knowledge' indigenous people have is routinely subsumed by a form of knowing that undermines its worth. There is a political economy of power relations inherent in such translations, and a systematic devaluation of the practices that indigenous peoples have. Using the word knowledge for these practices and understandings immediately invites comparison with other 'knowledge'. This leaves the indigenous practices at a disadvantage, however well intentioned the move is. The point I want to get to is to find a translation in which the value of this knowledge is not merely as a pointer to real value which lies elsewhere, and which requires scientific intervention to reveal. To see the value, if you like, in the myths themselves as elements of generative kinship practices. The question becomes one of how we are to describe value in these processes that is in some way equivalent to the value of scientific discovery.

The focus on biological knowledge over social, or mythic, or cultural, must be examined for the power relations that this brings in its train. Not only do we make entities in order to make claims, thereby undermining much of what local people 'know' through understanding interconnections between things and effects as social processes and outcomes, but the value of the things so made into objects in their own right is wholly dependent on their 'use' value. That then readily

kamapim narapela kain we long ol man senisim save na kalsa long gutpela pasin (lukim Leach 2007). Mipela traim na stretim sampela rot inap long ol man bai givim save long narapela, na ol narapela bai no inap kisim bilong ol yet na rausim narapela.

Mitupela Porer laikim olsem yupela husat lukim na ridim dispela buk bai hamamas long ol Reite, long save na kastom bilong ol, na bai yu gat kain hamamas wankain ol kastom bilong yupela yet. Em bikpela moa long wok bilong 'intellectual property'.

makes them available for 'use', and establishes exactly the potential for outside exploitation.

Conclusion

In this appendix, I have made the suggestion that 'indigenous knowledge' may not be the right term for the processes and understandings recorded elsewhere in this book. This is a controversial suggestion. I make it having pointed out two things. Firstly, that to call social processes 'knowledge' in the contemporary world has the effect of translating those processes into entities, into objects of various kinds, and that this misrepresents these processes, and distorts the actual value which they have in practice for those who use them. It also categorises them as things that can be owned or transacted as intellectual property. I do not mean that Reite people do not know things. They certainly do. Rather, that calling what they do 'knowledge' has certain effects: negative effects as I have tried to outline in this appendix. By making this argument, I do not undermine or devalue Nekgini speakers' knowledge of their environment, their mythic understandings of the process of social generation and regeneration, or their use of the plants in this book. The whole exercise of writing and publishing this volume has been driven by respect for them, and recognition of the value of these things.

In the light of this discussion, why did Porer and I decide that we would go ahead and publish this book? Where does it leave us in terms of the protection of Reite knowledge, or their claims over any other value produced from that knowledge? It is clear that in publishing the book, we have no way of preventing the exploitation of the knowledge of plants that it contains. Should we care?

There are two things to say in conclusion. The first is that we did not intend to make an object that could be owned (as knowledge, as intellectual property) out of Reite practices by publishing this book. Instead, in our own ways, we saw it as an opportunity for new relationships and connections. For Porer, those are with his children and grandchildren. For me, it is to connect Reite to other places and people who have an interest in the information in the book. This then is in keeping with one aspect of the intellectual property model of ownership, that information and ideas should circulate, but not another, that of restricting the use of knowledge so only the creators can benefit. Through publicising the understandings of Reite people we both hope to draw attention to their skills and achievements, and also, as stated in the Preface, to encourage other people in PNG to take an interest in, and hold onto vital social practices.

Secondly, we are not following the intellectual property model in another sense. It has been apparent to some of us for quite some time that intellectual property is poorly adapted to the needs of protecting 'traditional forms of knowledge', or cultural expression (Aragon and Leach 2008, Brown 2003, Hirsch and Strathern 2004). It is too closely formulated around the principles of individual ownership, alienation and commercialisation. There exist several initiatives at the moment to find alternative ways to promote responsible and fair use of information and understanding across various cultural or disciplinary divides (see Leach 2007). Such initiatives suggest a way forward for those wanting to make use of indigenous people's knowledge without doing so in terms those people would find inappropriate. Publishing this book of Reite Plants, we hope aids the establishment of positive relationships among those with interests in the kinds of process recorded in this book by demonstrating clearly the depth and breadth and beauty of Rai Coast people's knowledge of plants. This knowledge and the use of plants are aspects of their way of life, their genius. This book only touches the surface of all they know.

Tanim tok bilong ol Tokples Nekgini   Glossary

Nekgini	Tok Pisin	English
Alalau	kumu gras bilong stapim blut	*Sphaerostephanos* sp., fern used to stop blood flow
Alu karowung	rop bilong wokim marila	*Piper* sp., vine used in love magic
Alucaru'ung	rop long pasim rot bilong taro	*Dichapetalum* sp., vine used to 'block the road of taro'
alulik ya'ketem	mi givim kaikai long yu nau	I give you the food now
Anangisowung	yusim kru long sik bilong lewa	*Spathiostemon* sp., shoots used to treat an enlarged spleen or jaundice
Angari	galip bilong kaikai	*Canarium vitiense*, edible nut
Apiyoi	yusim plaua bilong wail taro bilong bilasim tambaran	wild taro, flower used to decorate the spirit paraphernalia
Araratung	yusim lip bilong mekim kambang kamap ples klia	*Pipturus argenteus*, leaves used in divination
artikukung	malen luk olsem skru bilong han	elbow design
Asarsing/Narengding	smel purpur bilong wasim pikinini na planim long ai bilong gaden	*Euodia hortensis*, aromatic herb used in rituals
Asisang	tulip	*Gnetum gnemon*, two leaf

Ataki'taki	plaua bilong bilasim purpur	unidentified species, flower used in dyeing string skirts
au	bilum	string bag
aukekeri	bilum i gat malen	string bag with pattern
aupatuking	liklik bilum	small string bag
ausakwing	bikpela bilum	big string bag
autandang	liklik bilum bilong karim ol samting bilong wan wan	small string bag for personal items
bukuw	blanket	blanket
Giramung	yusim diwai bilong wokim garamut	*Elmerrillia tsiampaca*, wood used for slit-gong manufacture
Gnarr	yusim diwai bilong wokim kundu na blut long taitim skin bilong pilai	*Pterocarpus indicus*, rosewood used in hourglass manufacture and sap used to glue lizard skin membrane
gneemung	sanda bilong singsing	perfumed plant used in ceremonies
gninsi gninsing	liklik mak i kamap long skin	rash like pimples
Gnorunggnorung	yusim lip long hatim skin	*Smilax* sp., leaves used to restore spiritual power
Guma	grinpela pisin	green lorikeet
Kaaki	kumu gras bilong kaikai	*Athyrium esculentum*, edible fern
kaap arerenung	rausim tewel	remove spirits
kaap sawing	wail tambaran	wild spirits
Kaapi	mambu	*Bambusa* sp., bamboo
kaaping popawe	tewel bilong kulau bai ranawe	coconut spirit will leave the host
Kaapu	tambaran	spirit

Kaatiping	yusim lip long kamapim grinpela kala long rop	unidentified species, leaves used to dye string green
Kakau	yusim long kolim posin	*Crinum asiaticum*, used to conteract poison
Kako'ping	yusim skin diwai long kamapim retpela kala long rop	unidentified species, bark used to dye string red
Kamma	wail banana	*Heliconia papuana*, wild banana
Kananba	rop bilong wokim bilum	*Pueraria pulcherrima*, vine used to make string for string bags
Kandang dau	yusim long wasim manki taim ol i go long bus long lukim tambaran	*Curcuma longa*, turmeric used to wash initiates
Kangarang'aring	diwai olsem galip	unidentified tree, similar to *Canarium polyphyllum*
kapa	namba wan taro, taro kanaka	original strain of taro, *Colocasia esculenta* var. *antiquorum*
Kapuipui	yusim long klinim pes	*Coleus blumei*, used in face washing
Kariking	talis	*Terminalia catappa*, Malay almond
Karimbung/Sowi tokai	salat	*Laportea* cf. *interrupta*, nettle
Kartiping sangomar	yusim lip long pasim pekpek wara	*Desmodium ormocarpoides*, leaves used to treat diarrhoea
Kawara'pung	yusim plaua long bilasim tambaran	flower used to decorate the paraphernalia of the spirits
Kinga'lau	yusim rop long mekim kus lus long nek	*Uncaria* cf. *lanosa*, vine used to loosen phlegm

Kipikieperi	yusim plaua long mekim kambang kamap ples klia	*Mussaenda* sp., flowers used to make lime stand out
Kisse'ea	yusim long boinim mambu na bihain bilasim	*Tapeinochilos piniformis*, used to scorch the bamboo pole skin before carving
kondong (N'dau language)	plet	plate
Kumbarr	yusim skin diwai long wokim malo na blanket	*Ficus robusta*, bark used in making loin-cloths and blankets
kundeing	taim bilong tambu olsem manki stap long haus tambaran na mama karim pikinini	taboos on water and food including seclusion period for initiation and birth
Kunung	yusim bilong daunim narapela	*Endospermum labios*, used to elevate oneself
Kuping	yusim skin diwai long rausim tewel	*Cinnamomum* sp., used to deter spirits
Kusing tong	brukim mambu	'break the bamboo'
Luhu	gorgor mipela yusim long kolim pait, kros, sanguma na marila	*Etlingera amomum*, ginger used to calm people, stop fights, counteract sorcery and used in love magic
Luhu ai	gorgor man	peace maker
maal	malo, mal	bark loin-cloth
Maata	kapiak	*Artocarpus altilis*, breadfruit
Mai'anderei Patuki	taro stori bilong ol meri	female taro origin myth
maibang utung	raunpela plet	round plate
Makama kung	yusim rop na kru long kolim posin	*Holochlamys beccarii*, vine and shoots used to counteract poisin

Makung	yusim lip long sikrapim bel bilong pisin	*Amorphophallus campanulatus*, leaves used to cause stomach irritation in birds
Malaap/Anang barar	yusim stik long skin i solap	*Musa* sp., cultivated banana stem used to treat skin swellings
Malapa	yam bilong namba wan garden	*Dioscerea* sp., yam planted in the first garden
Mandalee	yusim skin diwai long senisim kala long skin bilong pik	*Actephila lindleyi*, bark fed to pregnant sows to change the skin colour of offspring
Manieng	smel kawawar long pulim tewel bilong olgeta samting	unidentified aromatic ginger, used to attract all kinds of spirits
Manieng pecaret nekoneko kaaping apiwi	smel bilong *Manieng* bai pulim ol tewel i kam	the smell of *Manieng* attracts the spirits
masaalu	nupela kaikai long wan wan yia	new harvest
Masau	yusim lip na kru bilong tanget long mekim sua drai	*Cordyline fruticosa*, leaves and shoots used to treat sores
Masikol	yusim plaua long pasim pisin	unidentified species, flower used to attract birds
Maybolol	yusim rop long wasim ol manki	*Tetrastigma* cf. *lauterbachianum*, vine used to wash initiates
Meki	yam ol meri save planim long namba wan gaden	*Dioscorea* sp., yam planted by women in the first garden of the year
Mikung	yusim rop long wokim marila	unidentified vine, used in love magic
misi	marita bilong dring	edible *Pandanus* sp.

Mo	kaikaim pikinini long taim bilong hangre	*Terminalia megalocarpa*, seeds eaten in times of drought
Morakung	sit em givim blakpela kala long pen	*Trichospermum tripixis*, charcoal used to make varnish black
muhurung	namba wan gaden ol meri save planim	new garden planted by women
Musiresan	'tumora o hap tumora': sanguma	*Rungia* sp., 'tomorrow or the next day': sorcery
muuku	paspas bilong bilas	decorated woven cane armband
Naie	yusim skin diwai long wokim purpur	*Abroma augusta*, bark used to make string for string skirts
Namung mileeting	yusim lip long traim man long posin	*Hoya* sp., leaves used to test initiates
nek sulet	pasin bilong wasim pikinini	ritual of washing new born babies
nek'au	bilum bilong pikinini	baby's string bag
Nin'ae	yusim lip long lukautim pawa	*Setaria palmifolia*, leaves used in preserving power
Nin'ae sang artic tanget	yusim lip bilong *Nin'ae* long wasim han long lukautim pawa long sutim pisin na pilai kas	'*Nin'ae* leaf hand wash' used for good fortune when hunting birds and playing cards
nungting (sulet/suli)	(klinim/wasim) ai bilong pisin	(clean/wash) eye of a bird
Oiyowi	bilong wokim 'wail stik' bilong paitim garamut	*Ficus* sp., used to make 'wild' temporary slit-gong beaters
paap	sol diwai	salt-wood
palem	ples	place
Patorr	yusim pikinini palmen long kaikai	*Cycas rumphii*, palm seeds for eating

Patuang artikering	yusim plaua long kambang	unidentified species, flowers used in divination
Patuang taring	yusim plaua long kambang	*Desmodium* sp., flowers used in divination
Patuki	pes tumbuna bilong ol Reite	mythic ancestor or God in Reite
Pel kapa	taro kanaka, namba wan taro kamap long Reite	*Colocasia esculenta* var. *antiquorum*, original taro strain discovered in Reite
Pel Patuki	taro stori	taro deity
Pel'ya tupong	wara bilong taro	the water for taro
Piraaking	yusim bilong pinisim tambu long wara	*Pennisetum macrostachyum*, used ending ritual of water taboo
Poing ging	yusim wara long olgeta sik	*Gastonia spectabilis*, juice used as a general tonic
Ponung	yusim lip bilong kwila long strongim taro	*Intsia bijuga*, ironwood leaves used to make taro strong
Popitung	yusim long kolim posin	*Angiopteris evecta*, turnip fern used to counteract poison
puing torong	pispis bilong sta	dew
Pununung artikering	yusim long kolim posin	*Achyranthes* sp., flowers used in divination
Puti	asbin	*Psophocarpus tetragonolobus*, wingbean
Raning	yusim wara long klinim skin bilong manki	*Mucuna novoguineensis*, juice used to cleanse initiates' skin

Riking	yusim blut long wokim pen bilong plet na kundu	*Glochidion submolle*, sap used to make varnish for wooden plates and drums
Rongoman	yusim long wokim 'stik bilong ples' long paitim garamut na long wokim pasin kastom bilong daunim napapela man	*Dracaena angustifolia*, used to make the permanent slit-gong beaters stick and for the ritual of shaming of exchange partners
Ropie	yusim skin diwai long bilasim purpur	unidentified species, bark used in dyeing string for string skirts
Rukruk	yusim plaua bilong sanda bilong pulim pisin	*Plectranthus amboinicus*, flowers used as perfume to attract birds
Saapung teti	planim kru bilong kamapim taro hariap	*Blumea riparia*, shoots planted to make taro grow quickly
Saari	smel gorgor	unidentified aromatic ginger
salili	las man bilong kaikai taro	those who knew the names of the original taro deity
Samandewung	yusim bilong mekim traut	*Dysoxylum* cf. *mollissimum*, used to induce vomiting
Samat Matakaring Patuki	taro stori bilong ol man long Reite	Reite male taro origin myth
samuw yakas arerenung	rausim doti	remove polluting influences
Sanahu	yusim long ofa long yam *Patuki*	*Blechnum orientalis*, used as part of the ritual offering to the yam ancestor

Saping	yusim wara long mekim sua drai	*Ficus botryocarpa* Miq. var. *subalbidoramea*, sap used to treat sores
Sapo	yusim long ofa long kamapim gris bilong yam na kamapim gris bilong pik	*Alstonia scholaris*, used in the ritual to promote smooth texture in yams and fattening pigs
Sasaneng	yusim kaikai long as bilong diwai long kolim posin	*Curcuma* cf. *australasica*, root nodules used to discover the source of a sorcery attack
Sauce'a	yusim wara long mekim man traut	unidentified species, sap used to induce vomiting
Sauwa'sau/Nungting	yusim plaua long pasim pisin	*Gomphrena* sp., flowers to attract birds
Serung	yusim long pasim rot bilong taro	*Murraya* sp., mock orange used to block the path out of the garden
Sesi	blakpela pisin i gat retpela kru	black bird with red crown
Sirisir/Mambumaambu	yusim plaua long bilasim malo bilong tambaran	*Schismatoglottis calyptrata*, flowers used to decorate items of the male cult
sisak utung	kanu plet	canoe shaped plate
Sisak warau	wail marita	*Pandanus* sp., wild pandanus
Sisela	yusim long taim man i sik, haitim man long bus, na wokim ofa	*Dioscorea merrillii*, used for illness, initiation and ritual
Siwinsing	smel kunai	*Cymbopogon citratus*, lemon grass
Sombee	kapiak	*Artocarpus communis*, breadfruit
Sowa so	yusim long kolim posin	*Pisonia longirostris*, used to counteract poison

sowireanikin	taim skin bilong bebi na mama kamap strong	baby's skin is healthy and mother's skin is healed from birth
Spaking supong	pisin gras	*Centotheca lappacea,* bird grass
Su alu	yusim rop long pasim rot bilong taro	*Smilax* sp., vine used to close the road of the taro
Suarkung	yusim bilong wokim plet diwai	*Nauclea* sp., used to make wooden plates and bowls
Suwung	pikinini bilong diwai long mambuim	*Pangium edule,* seeds for roasting
tandang	ol samting bilong wan wan	personal items
Tawaki supong	sanda bilong *Guma*	*Triumfeta pilosa,* perfume used to attract green lorikeets
Tawau	yusim aibika long kamapim taro	*Hibiscus manihot,* used to help taro grow
Tekising	wail saksak	*Caryota rumphiana,* wild sago
Teleparting	yusim skin diwai long mekim pik kamap	*Hibiscus* sp., bark used to promote pigs' growth
Tembam	yusim lip long pulim pisin	*Vitex* sp., leaves used to attract and hunt birds
tembambakiting	smat long kisim samting	good at catching birds
Tepung	yusim long kamapim planti han long yam	*Platycerium wandae,* staghorn fern used to promote lobed yam growth
Tepung aing	yusim long kamapim longpela yam	*Asplenium nidus* var. *nidus,* used to promote long single lobed yam growth
toking sawing	'wail stik' pairap long garamut	'wild stick' beat played on the slit-gongs

tsaking melendaewiyung	rabim sua wantaim tanget	clean sore with 'tanget' leaf
tse'sopung	bilas bilong haus tambaran	decorated bamboo pole made by the male cult
Tsulung	yusim lip long mekim pik kamap	unidentified species, leaves used to promote pig's growth
tukung maning	stik bilong ples	traditional stick
tundung (N'dau) *utung* (Nekgini)	saplang [olsem brukbrukim kaikai]	pulverise/mash food
tundung kondong	dip na raunpela plet bilong saplang [olsem brukbrukim kaikai]	mortar bowl used to mash food
tupongneng	'mama bilong wara'	'water's mother'
tupooning	kisim wara	get the sap
Turik upitapoli	yusim long planim ai bilong garden	*Codiaeum variegatum*, croton used in ritual planting
Uli tokai	salat	*Laportea decumana*, nettle
Upi tapoli	yusim long mekim traut	unidentified species, used to induce vomoting
Usau anang	san banana	*Musa* sp., sun banana
Wariwi mapoming/ Kusin tong	kol kawawar	unidentified ginger, used to counteract poison
wating	ai bilong gaden	'eye/shoot' of the garden
Weng	bilong givim gutpela smel long taro	*Litsea* sp., used to make taro fragrant
Wikiwiki	yusim long givim gutpela smel long taro na pulim ol pisin	*Proiphys amboinensis*, used to make taro fragrant and attract game birds
windik koreik gnenda iraewiung	pisin bruk olsem solwara kalap long nambis	flock of birds that come in waves like the sea breaking on the shore

Wiynu	namba wan yam kamap long Reite	*Dioscorea* sp., original yam species discovered in Reite
yaaki	wokim rop long string	name given to woven string
yallo	kain bekim kastom bilong Reite	customary practice of eliciting valuables in Reite
Yapel	wail taro	*Alocasia macrorrhizos*, wild taro
Yerin nimbasa	tupela poroman	two friends
Yuyung	yusim mosong rop long baksait i pen o join i lus	*Pueraria lobata*, stinging nettle used for joint or back pain

References

Aragon, L.V. and J. Leach, 2008. 'Arts and Owners: Intellectual Property Law and the Politics of Scale in Indonesian Arts.' *American Ethnologist* 35(4): 607–631.

Brown, M., 2003. *Who Owns Native Culture*. Cambridge MA: Harvard University Press.

Gregory, C., 1982. *Gifts and Commodities*. London: Academic Press.

Hirsch, E. and M. Strathern (eds), 2004. 'Modes of Creativity.' In *Transactions and Creations. Property Debates and the Stimulus of Melanesia*. Oxford: Berghahn Books.

Kalinoe, L. and J. Leach (eds), 2004. *Rationales of Ownership. Transactions and Claims to Ownership in Contemporary Papua New Guinea*. Oxon: Sean Kingston Publishing.

Leach, J., 2002. 'Drum and Voice. Aesthetics and Social Process on the Rai Coast of Papua New Guinea.' *Journal of the Royal Anthropological Institute* 8(2): 713–734.

———, 2003. *Creative Land: Place and Procreation on the Rai Coast of Papua New Guinea*. New York: Berghahn Books.

———, 2007. 'Cross-Cultural Partnership: Template.' The Cross-Cultural Partnership working group. Website viewed on 20 April 2009 at: http://newmedia.umaine.edu/stillwater/partnership/partnership_template.html

Posey D. and G. Dutfield, 1996. *Beyond Intellectual Property. Towards Traditional Resource Rights for Indigenous Peoples and Communities*. Ottawa: International Development Research Centre.

Sekhran, N. and S. Miller, 1994. *Papua New Guinea Country Study on Biological Diversity*. Waigani: Department of Environment and Conservation.

Strathern, M., (2004). 'Preface'. In L. Kalinoe and J. Leach (eds). *Rationales of Ownership. Transactions and Claims to Ownership in Contemporary Papua New Guinea*. Oxon: Sean Kingston Publishing.

Majnep, I.S., and R. Bulmer, 1977. *Birds of my Kalam country/Mnmon Yad Kalam Yakt*. (illustrated by C. Healey). Oxford: Oxford University Press.

———, 2007. *Animals the Ancestors Hunted: An Account of the Wild Animals of the Kalam Area, Papua New Guinea*. (ed. R. Hide and A. Pawley, illustrated by C. Healey). Belair: Crawford House Publishing Australia.

Mihailic, F., 1971. *The Jacaranda Dictionary and Grammar of Melanesian Pidgin*. Milton: The Jacaranda Press.

Select Writings on Reite by James Leach

Books

2004. *Rationales of Ownership: Transactions and Claims to Ownership in Contemporary Papua New Guinea*. L. Kalinoe and J Leach (eds), Contributors: Tony Crook, Melissa Demian, Eric Hirsch, Stuart Kirsch, Laurence Kalinoe, James Leach, Marilyn Strathern. First published by U.B.S. Publishers' Distributors Ltd. (New Delhi) and UPNG Law Faculty Publication Unit (Port Moresby) in 2001. Re-issued by Sean Kingston Publishing: www.seankingston.co.uk

2003. *Creative Land: Place and Procreation on the Rai Coast of Papua New Guinea*. Oxford and New York: Berghahn Books.

Book Sections

2009. 'Knowledge as Kinship: Mutable Essence and the Significance of Transmission on the Rai Coast of PNG.' In S. Bamford and J. Leach (eds), *Genealogy Beyond Kinship: Sequence, Transmission and Essence in Social Theory and Beyond*. Oxford: Berghahn Books.

2008. 'An Anthropological Approach to Transactions Involving Names and Marks, Drawing on Melanesia.' In L. Bently, J. Davis and J. Ginsburg (eds), *Trademarks and Brands, an Interdisciplinary Critique*. Cambridge: Cambridge University Press.

2007. 'Creativity, Subjectivity, and the Dynamic of Possessive Individualism.' In T. Ingold and E. Hallam (eds), *Creativity and Cultural Improvisation*. ASA Monograph 43. Oxford: Berg Publishers.

2006. 'Out of Proportion? Anthropological Description of Power, Regeneration and Scale on the Rai Coast of PNG.' In S. Coleman and P. Collins (eds), *Locating the Field: Space, Place and Context in Anthropology*. ASA Monograph 42. Oxford: Berg Publishers.

2005. 'Liver and Lives: Organ Extraction Narratives on the Rai Coast of Papua New Guinea.' In P. Geschiere and W. van Binsbergen (eds), *Commodification: Things, Agency, and Identities (The Social Life of Things Revisited)*. Munster: LIT Verlag.

———. 'Modes of Creativity and the Register of Ownership.' In R. Aiyer Ghosh (ed), *CODE: Collaboration and Ownership in the Digital Economy*. Cambridge M.A.: MIT Press.

2004. 'Modes of Creativity.' In E. Hirsch and M. Strathern (eds), *Transactions and Creations: Property Debates and the Stimulus of Melanesia*. Oxford: Berghahn Books.

Articles and recordings

2006. 'Team Spirit': The Pervasive Influence of Place-Generation in 'Community Building' Activities along the Rai Coast of Papua New Guinea.' *Journal of Material Culture* 11(1/2): 87–103.

————. 'Vies et viscères: récits d'extraction d'organes sur la Rai Coast de Papouasie–Nouvelle–Guinée.' À L'épreuve du capitalisme. Dynamiques économiques dans le Pacifique, Paris: L'Harmattan. *Cahiers du Pacifique Sud Contemporain* 4: 130-58.

2003. 'Owning Creativity. Cultural Property and the Efficacy of Custom on the Rai Coast of PNG' *Journal of Material Culture* 8(2): 123–143.

2002. 'Drum and Voice: Aesthetics and Social Process on the Rai Coast of Papua New Guinea.' *Journal of the Royal Anthropological Institute* 8: 713–734.

————. 'Multiple Expectations of Ownership'. *Melanesian Law Review* (Special Issue on Transaction and Transmission of Indigenous Knowledge and Expressions of Culture) 27: 63–76.

————. 'Situated Connections: Rights and Intellectual Resources in a Rai Coast Society.' *Social Anthropology* 8(2): 163–179.

1999. 'Singing the Forest: Composition and Evocation among a Papua New Guinea People.' *Resonance* (*Journal of the London Musicians' Collective*) 7(2): 24–27, with 16 minutes original sound recording published on accompanying CD.

1998. 'Where Does Creativity Reside: Imagining Places on the Rai Coast of Papua New Guinea.' *Cambridge Anthropology* 20(1/2): 16–21.

1995. 'Contemporary Material Culture of Nekgini Speakers, Rai Coast, Papua New Guinea.' *British Museum Ethnodoc*. 40 pages with 72 photographs.

Index